巧做家常

营养煲汤

周晓东◎编著

河北出版传媒集团
河北科学技术出版社

图书在版编目（CIP）数据

巧做家常营养煲汤 / 周晓东编著 .-- 石家庄 ：河北科学技术出版社，2015.11

ISBN 978-7-5375-8141-7

Ⅰ. ①巧… Ⅱ. ①周… Ⅲ. ①保健—汤菜—菜谱 Ⅳ. ① TS972.122

中国版本图书馆CIP数据核字(2015)第300677号

巧做家常营养煲汤

周晓东　编著

出版发行　河北出版传媒集团　河北科学技术出版社
地　　址　石家庄市友谊北大街 330 号（邮编：050061）
印　　刷　三河市明华印务有限公司
经　　销　新华书店
开　　本　710 × 1000　1/16
印　　张　10
字　　数　150 千字
版　　次　2016 年 1 月第 1 版
　　　　　2016 年 1 月第 1 次印刷
定　　价　32.80 元

前 言

随着时代的进步，人们对生活品质的要求越来越高，吃、穿、住、行概莫能外。日常饮食与人体的健康状况息息相关，人们已开始重视食品种类和营养的搭配。如今，食品安全问题也受到普遍关注，为了饮食健康，许多人更青睐以自己烹饪的方式来表达对家人的关爱。自己烹制美食，不仅可以维护健康，也能提升家人之间的融合度，提高家庭生活的幸福和美满指数。

为了让大家在烹饪时能有据可依，以便更轻松地制作出受家人欢迎的美食，同时充分享受烹饪的乐趣，我们特意编写了这套菜谱。为满足各类人群、各个年龄段对饮食的不同需求，适合个人口味偏好，本套菜谱编写范围较广，包含家常菜、小炒、私房菜、特色菜、川菜、湘菜、东北菜、火锅、主食、煲汤等，不一而足，希望能够满足各类读者对于美食的独特需求。

我们力求让读者一读就懂，一学就会，一做便成功。书中详尽介绍了食物制作所需的主料与配料，并对操作步骤进行了细致地讲解，同时关于操作过程中需要注意的事项也重点阐述。即便您从来没有下过厨房，也可以在菜谱的帮助下制作出美味可口的菜品。

在教您烹饪的基础上，我们对食材与菜品的营养成分进行了解析，以帮助您选择适合家人营养需求与口味的菜肴。希望可以让您吃得健康、吃得明白。

另外，我们为每道菜都配有精美的图片，在掌握制作方法的同时，给您带来一场视觉上饕餮盛宴。看着令人垂涎欲滴的图片，想必您一定能胃口大开，在享受美食的同时，也能体会到烹饪带给您的巨大乐趣。

美味的食物不仅可以给您带来味蕾上的满足感，更重要的是每一种食物都蕴藏着养生的智慧。希望在您享受美食的过程中，您的体质与生活质量都能得到更好的改变。

在这套菜谱的编写过程中，我们请教了烹饪大师、营养师等相关人士，他们给予了我们极大的帮助，在此表示深深的谢意。然而，我们的水平有限，书中难免出现疏漏之处，敬请读者指正。在此一并表示感谢！

目录
CONTENTS

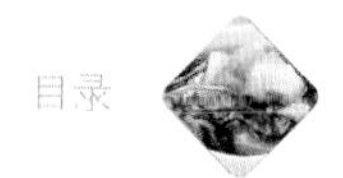

Chapter 6 水产鲜汤 125

Chapter 煲汤入门

煲汤用具的选择

俗话说，工欲善其事必先利其器。煲汤也是如此，如果想成功煲出一锅好汤，首先就要选择合适的煲汤用具。一个好的煲汤器具可以使食材的鲜味相互融合，使精华都融到汤里面，进而煲出一锅色香味俱佳的好汤。生活中最常见的煲汤器具有三种：砂锅、瓦罐、焖烧锅。

1. 砂锅

传统砂锅是由石英、长石、黏土等不易导热的混合物烧制而成的，通气性、吸附性好，导热均匀，散热慢。近年来人们对传统砂锅进行了改善，制作出了比传统砂锅更耐高温的砂锅，使其更具实用性。

砂锅可以均衡而持久地将外界的热能传递到内部，在相对平衡的温度下，使水分子和食物更好地相互渗透，从而使煲出的汤更香、更鲜，使食材被煨得更加酥烂。

煲汤时要挑选质地细腻、内壁洁白的砂锅，千万不能使用劣质砂锅。因为劣质砂锅中含有铅，如果用这样的砂锅煮酸性食物，铅就会溶解到汤里，不利于身体健康。

新买的砂锅要先用它煮米汤，这样可以使砂锅的微小缝隙被米汤里的成分填实，使砂锅不易炸裂。如果砂锅需长期放置不用，要用报纸将其包好，还可以在

里面放两块炭，这样不仅可以避免砂锅受潮，而且可以保证砂锅没有异味。

2. 瓦罐

瓦罐和砂锅一样都是由石英、长石、黏土等不易导热的混合物烧制而成的，瓦罐和砂锅的区别在于烧制瓦罐的温度要更高。所以和砂锅相比，瓦罐的耐热性和耐冷性都要更强。

和砂锅相比，瓦罐从外观上看，要显得更加专业，而且用瓦罐煲汤，要更加正宗，因为瓦罐是一种专门用来煲汤的器具。如果是煲鲜汤，最好的选择就是陈年瓦罐。

在使用瓦罐的时候，一定要注意不要将刚煲过汤的瓦罐直接放在瓷砖地板上或者大理石地面上，因为如果温差太大，会造成瓦罐炸裂。使用瓦罐后要先让瓦罐自己慢慢冷却，等锅身不烫手的时候再进行清洗。

3. 焖烧锅

用焖烧锅煲汤时要先将装满食材的焖烧锅内锅放在火上烧开，然后关火，将内锅放进外锅，使食材通过自身的温度变熟变烂。焖完以后，开火再加热 10~20 分钟，风味更佳。

用焖烧锅煲汤，操作非常简单，而且在煲汤的整个过程中，不冒气，不蒸发，可以最大限度地保留食物的营养，确保食物的原汁原味。

在用新买的焖烧锅煲汤前要先进行一下保养，可以先往内锅里倒一些清水和白醋，将其放在火上加热，然后用清水洗干净。另外要特别注意，不要将外锅直接放到火上烧，也不要将其放在水里清洗，否则会使其保温功能遭到破坏。

最适合煲汤的10种食材

煲汤的第一步就是选食材，究竟哪些食材更适合煲汤？体质不同的人适合喝的汤也不一样，下面介绍的是10种最适合煲汤的食材。

1. 鸡肉

鸡肉是一种高蛋白、低脂肪的食物，可以温中益气，健脾胃，提高人体免疫力，缓解感冒症状，非常适合中老年人以及体质较差的人群食用。鸡肉汤是鸡肉的吃法中最有营养的一种，而且鸡肉汤的香味浓郁、食疗效果好，是生活中最常见的养生汤，深受大家喜爱。

2. 排骨

排骨中含有大量的蛋白质、铁、钠等，且极易被人体吸收，可以补充人体必需的骨胶原等营养物质，提高骨髓的造血功能，起到壮腰膝、补虚弱、强筋骨、延缓衰老等作用，尤其适合中老年人和儿童食用。

3. 猪蹄（猪脚）

猪蹄中含有大量的胶原蛋白，在煲汤的过程中，胶原蛋白会转化成明胶，可以起到延缓衰老、防止皮肤起皱、增强皮肤弹性的作用。另外，猪蹄还可以通乳脉，滑肌肤，驱寒热，对治疗四肢疲乏、腿部抽筋有一定的疗效，非常适合发育期的青少年以及有骨质疏松症状的中老年人食用。

4. 牛肉

牛肉中含有大量的优质蛋白质以及钾、铁、锌、钙等矿物质，可以起到补中

益气、滋养脾胃、化痰息风、止渴止涎、强健筋骨、消除水肿的作用。牛肉汤味道鲜美，一般人皆可食用，尤其是筋骨酸软、体质虚弱、贫血易病和面目发黄的人。

5. 鲤鱼

鲤鱼中含有丰富的优质蛋白质、不饱和脂肪酸以及多种矿物质，可以起到滋补健胃、利水消肿、降低胆固醇以及防治动脉硬化、冠心病的作用，非常适合患有黄疸肝炎、心脏性水肿、咳喘等病症的人群以及胎动不安、产后乳汁不足的孕产妇食用。

6. 白萝卜

白萝卜是一种非常常见的食材，富含多种维生素及钙、磷、钾、铁等矿物质，可以起到降血脂、稳定血压、促进肠道蠕动、软化血管的作用。另外，白萝卜里还含有木质素，木质素可以有效分解致癌物亚硝胺，可以起到抗癌的作用。

7. 豆腐

豆腐营养价值非常高，是一种高无机盐、低脂肪、低热量的食物，和黄豆相比，豆腐更易吸收，而且有防癌、保护心血管的作用，尤其适合老年人、儿童以及脾胃虚弱的人群食用。但是豆腐中不含人体必需的氨基酸—蛋氨酸，所以在煲汤时，要将豆腐和肉类、蛋类等食材进行搭配。

8. 香菇

香菇是一种高蛋白、低脂肪、低热量的食材，富含钙、磷等矿物质以及多种

酶和氨基酸，可以起到降血压、降低胆固醇、抗癌以及预防骨质疏松的作用。用香菇煲汤，可荤可素，而且味道鲜美，香菇有“菜中之魁”的美称。

9. 冬瓜

冬瓜中富含多种维生素和微量元素，可以有效调节新陈代谢，利水消肿，消暑生津，降血糖，尤其适合患有糖尿病、高血压以及肝硬化的患者食用。另外，冬瓜中含有丰富的维生素 C、钾和丙醇二酸，而且是所有蔬菜中脂肪含量最低的蔬菜，所以有非常好的减肥作用。

10. 玉米

玉米中含有丰富的膳食纤维，可以促进肠道蠕动，改善肠胃功能，治疗便秘、消化不良等症。另外，玉米还富含维生素 A、玉米黄质以及叶黄素等，可以健脾益胃，防癌抗癌，延缓衰老，对抗眼睛老化现象，预防老年斑、皱纹等，一般人皆可食用。

煲汤的注意事项

煲汤是一个技术活儿，如果想煲出一锅色香味俱佳的好汤，绝对不是一件容易事，这就要求我们注意以下几方面：

1. 选料要得当

选料是否得当是能否煲出一锅好汤的关键，煲汤的主料一般都是低脂肪的动物性食材，如鸡肉、鸭肉、排骨等，这类食材中含有丰富的蛋白质、氨基酸等，不仅营养丰富，而且是汤鲜味的主要来源。

在挑选食材的时候，一定要选新鲜、没有异味的食材，这里所说的新鲜是指煲汤前 3~5 个小时被杀死的动物。这时的牲畜、水产或禽肉的各种营养物质更容易被人体吸收，而且用这样的食材煲出汤来味道要更好。

另外，必须在汤里加入一两种清热、利湿、健脾的食材，如萝卜、藕、百合等，这样更有利于人体吸收汤中的营养。除此之外，还要加入一两种甘甜的食材，如大枣、桂圆干等，这样可以使煲出来的汤的功效更为全面和补益。

2. 火候要适当

煲汤要讲究火候，煲汤对火候的要求是：旺火烧沸，小火慢煨。也就是说煲汤时要先开大火，用大火逼出肉类中的血水、浮沫，以免汤汁变得混浊。在汤沸腾以后，要改文火慢熬，这样不仅可以避免食材中的蛋白质等营养物质被破坏，而且可以使食材内的营养物质和鲜香物质尽可能多地溶解出来，使汤变得既清澈又浓醇。在文火慢熬的时候，火力不要一会儿大，一会儿小，否则会使食材粘锅，破坏汤的口感。

虽然煲汤需要长时间用文火慢慢熬煮，但如果时间太长，也会导致汤里的营养物质被破坏。煲鱼汤只需慢熬 1~2 个小时即可，如果是排骨汤、牛肉汤或者鸡汤，则要熬煮 2~3 个小时，如果煲汤的主要食材是叶菜类，就更不应该熬煮太长时间。

3. 操作要精细

煲汤是一件需要非常细心的事，在某种程度上，煲汤的细节决定着汤的成败。

肉类食材要先用冷水浸泡，然后进行汆烫。用冷水浸泡是为了去除肉中的血水、杂质，同时使肉变得松软，浸泡的时间最好为 1 小时左右。在沸水中汆烫是为了将肉中剩余的血水、异味以及部分脂肪去除，避免煲出来的汤过于油腻。

另外，要注意配料的投放顺序，特别需要注意的是要最后放盐。因为盐具有很强的渗透作用，会导致蛋白质凝固，食材中的水分被排出，影响汤的鲜味、色泽。为了提高汤的口感，还可以加入适当的姜、葱、蒜、味精、香油等，但是这些调味品要少放，而且不宜先放，否则会破坏汤的原汁原味。

4. 配水要合理

水不仅是导热的介质，还是食材中鲜香物质的溶剂，因此水温、水量都直接决定着汤的风味。煲汤的用水量应该漫过所有食材，通常水的重量应该是食材重量的 3 倍。另外还要注意要用冷水煲汤，使食材和冷水同时受热。

另外需要特别注意的是，在煲汤的过程中不能加水，因为肉类食材遇到冷水就会收缩，阻碍蛋白质融进汤里，影响汤的风味，即使是加入热水也会使汤缺乏浓郁鲜美的味道。

Chapter 2
蔬菜靓汤

欧式蔬菜汤

主 料 新鲜口蘑、卷心菜各100克，西红柿150克，黄瓜、胡萝卜各50克，银耳70克，芥菜1棵

配 料 高汤、食盐、胡椒粉、淀粉各适量

·操作步骤·

① 胡萝卜、黄瓜切成丁状；卷心菜切条；西红柿、口蘑切块备用；银耳泡开撕小朵。

② 锅中注入足够的高汤，烧开，下入口蘑、银耳和胡萝卜先炖煮一段时间。

③ 加入各种蔬菜，再改小火煮40分钟，再加入食盐、胡椒粉调味，用淀粉勾薄芡即可食用。

·营养贴士· 黄瓜具有利水利尿、清热解毒等功效。

蔬菜凉汤

主 料 小青瓜200克，冻豆腐100克，西红柿50克，卞萝卜120克，西蓝花70克

配 料 高汤1000克，食盐、鸡精、胡椒粉、水淀粉各适量

·操作步骤·

① 小青瓜去皮切薄片；西红柿切块；卞萝卜切薄片；西蓝花掰成小朵。

② 起一汤锅，注入足够的高汤，沸腾后放入冻豆腐、萝卜片和西蓝花，炖煮片刻。

③ 之后加入西红柿和小青瓜，用食盐、鸡精、胡椒粉调味，用水淀粉勾薄芡，晾凉即可食用。

·营养贴士· 西红柿具有减肥瘦身、消除疲劳、增进食欲等功效。

奶汤上素

主 料 干香菇75克，白萝卜、土豆、胡萝卜各100克，小西红柿20克，娃娃菜50克，莴笋150克

配 料 鲜奶20克，精盐4克，味精2克，料酒10克，大葱10克，姜5克，豌豆淀粉、白砂糖各5克，油、高汤各适量

·操作步骤·

① 干香菇泡软，洗净切条；胡萝卜、白萝卜、土豆、莴笋洗净切条；娃娃菜择洗干净。

② 净锅置火上，加清水，烧沸后，下入白萝卜和胡萝卜焯至断生捞出，再分别下入香菇条、土豆条、莴笋条、娃娃菜焯透捞出。

③ 另起锅，加底油烧热，入葱、姜爆香，倒入小西红柿块以及上述焯好的用料，烹入料酒，加入高汤。

④ 下入精盐、味精、白砂糖和鲜奶调味，用淀粉勾芡出锅即可。

·营养贴士· 白萝卜具有下气、消食、除疾润肺、解毒生津、利尿通便的功效。

·操作要领· 娃娃菜也可以在加入高汤之后再放，味道更鲜脆。

澄净菠菜汤

主 料 菠菜200克，胡萝卜100克

配 料 葱末、精盐、鸡精、植物油、水淀粉各适量

·操作步骤·

① 将菠菜洗净焯水，切成碎末；胡萝卜洗净切成小丁。

② 锅中入油，入葱末爆香，然后加入适量水烧开，放入胡萝卜、菠菜煮5分钟。

③ 出锅前用水淀粉勾芡，加精盐、鸡精调味即可。

·营养贴士· 菠菜中含有大量的抗氧化剂，具有抗衰老、促进细胞增殖的作用。

清汤白菜心

主 料 白菜心500克

配 料 盐适量

·操作步骤·

① 白菜心洗净，撕去菜筋后竖切四瓣，放入开水锅中煮至七成熟，待菜心变软，捞出放入大碗中。

② 将煮过菜心的水也倒入碗中，浸泡10分钟，然后将菜心和汤再倒入锅中，放适量盐烧开即可。

·营养贴士· 白菜性微寒、解毒，具有养胃生津、增强抵抗力、解渴利尿、护肤养颜等功效。

什锦汤

主料 白萝卜100克，胡萝卜150克，青菜70克，山药120克，香菇50克，白玉菇30克

配料 食盐、味精、葱、姜、高汤各适量，枸杞少许

·操作步骤·

① 所有食材清洗干净，胡萝卜切滚刀块，白萝卜和山药切块，白玉菇和香菇切片，葱切段，姜切片。

② 取一汤锅，注入足够的高汤，放入葱段、姜片，沸腾之后，放入枸杞、白萝卜、山药、白玉菇和香菇。炖煮一段时间之后放入胡萝卜块，继续炖煮。

③ 30分钟后，放入青菜，用食盐、味精调味，捞出葱段、姜片即可食用。

·营养贴士· 山药有滋养强壮、助消化、敛虚汗、止泻之功效。

·操作要领· 要想使汤的味道更加浓郁，也可事先用食用油将这些食材煸炒一下。

米兰蔬菜汤

主 料 意大利面 50 克，胡萝卜、圆白菜、四季豆各 20 克，黄甜椒 10 克，培根 2 片

配 料 番茄酱 10 克，大蒜 2 瓣，精盐 2 克，橄榄油、白胡椒粉、鸡汤各适量

·操作步骤·

① 将所有蔬菜洗净，全部切成小丁备用；培根切成小丁；大蒜切碎。

② 锅中加水，下意大利面煮 8 分钟，捞出。

③ 汤锅或深炒锅中，加入适量橄榄油，烧热后放入培根丁、蒜末炒香，加入所有蔬菜丁，炒熟。

④ 倒入鸡汤，大火煮滚后转小火煮 10 分钟，加入精盐、番茄酱、白胡椒粉调味，再放入意大利面略煮即可。

·营养贴士· 此菜具有益肝明目、增强免疫功能、清热止痛等功效。

香芋薏米汤

主 料 香芋 300 克，薏米 80 克，海带 20 克

配 料 精盐适量

·操作步骤·

① 将香芋去皮、洗净，切成滚刀块；薏米用清水浸泡；海带洗净切丝备用。

② 将泡软的薏米放入锅中，加入清水煮熟，再放入香芋、海带丝，加入精盐，用小火煮 1 个小时即可。

·营养贴士· 香芋性温、味辛，具有舒筋络、祛风湿、止痛、消炎散肿等功效。

牛蹄筋小白菜

主料 小白菜300克，牛蹄筋200克

配料 鸡汤700克，猪油30克，料酒40克，鸡油10克，食盐5克，鸡精2克，胡椒粉少许，葱段、姜片各适量

·操作步骤·

① 牛蹄筋放入冷水锅中煮2分钟捞出，洗净后再次下入冷水锅中，以旺火煮沸，再转小火焖煮至八成熟，捞出，剔去杂质，切成5厘米长的条。

② 小白菜择去边叶，留小苞，洗净，放入沸水中焯至断生。

③ 炒锅中加入猪油，六成热时下入葱段、姜片煸炒，再放入牛蹄筋、料酒、食盐、鸡汤，煮沸后倒入砂锅中，小火煨30分钟，转大火调入鸡精、胡椒粉收浓汁，加入小白菜苞，淋入鸡油即成。

·营养贴士· 牛蹄筋中含有丰富的蛋白聚糖和胶原蛋白，具有强筋壮骨的功效，有助于青少年生长发育和减缓中老年妇女骨质疏松。

·操作要领· 制作时要注意把握火候，以小火煨，以大火收汁。

酸菜土豆片汤

主 料 土豆1个，酸菜适量

配 料 麻油、姜各适量

·操作步骤·

① 酸菜洗净切片；土豆去皮切长片；姜去皮切末。

② 锅中添水，下入酸菜片、土豆片、姜末，用大火煮沸后，淋入麻油，转文火煮15分钟即成。

·营养贴士· 土豆具有健脾和胃、益气调中、缓急止痛、通利大便、抗衰老等功效；酸菜富含维生素C、氨基酸、膳食纤维等营养物质，有保持肠道正常生理功能的功效。

黄豆芽紫菜汤

主 料 黄豆芽200克，紫菜25克

配 料 蒜末、精盐、味精、香油各少许

·操作步骤·

① 黄豆芽择去根部的豆芽须，然后用清水洗净待用；紫菜放入水中泡开，撕成小块。

② 锅中放入清水、紫菜和黄豆芽，武火煮沸，改文火焖煮15分钟，下蒜末、精盐、味精、香油搅拌均匀即可。

·营养贴士· 此菜具有化痰软坚、清热利水、补肾养心、促进骨骼与牙齿的生长和保健等功效。

娃娃菜杂汤

主 料 娃娃菜1棵，菠菜、猪肉丸、羊肉、虾、粉丝、香菇各少许

配 料 生抽、黄酒各10克，盐适量，香油少许

·操作步骤·

① 香菇泡发；虾去外皮，洗净加黄酒浸泡；娃娃菜去根，洗净掰开；菠菜去根，洗净；羊肉放入沸水中焯一下，然后切条。

② 锅置火上，倒入黄酒、虾仁，翻炒片刻后再加入香菇、羊肉、猪肉丸，继续翻炒，加生抽调味。

③ 添入清水，以大火煮沸，然后转小火煮12分钟，加入粉丝，继续焖煮。

④ 出锅前加入娃娃菜、菠菜，加入盐调味，煮至娃娃菜、菠菜断生，最后滴几滴香油即成。

·营养贴士· 此菜具有补体虚、益肾气、补益产妇、通乳治带、助元阳、养胃生津、除烦解渴等功效。

·操作要领· 蒜能激发出娃娃菜特有的香味，喜欢的朋友可以根据自己的口味适量添加。

牛肉蔬菜汤

主 料 牛肉200克，土豆、洋葱、西红柿各1个，菠菜、牛棒骨各适量

配 料 食盐、高汤各适量

1. 准备所需主材料。

2. 把牛肉切成块，锅内倒入适量水，放入牛肉略焯备用。

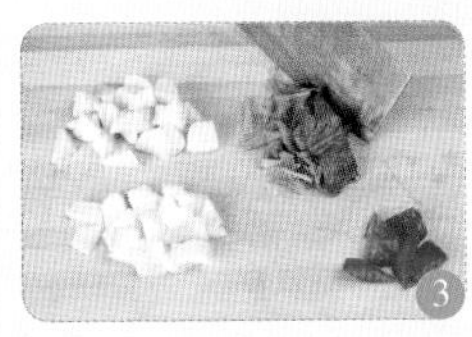

3. 把土豆、西红柿、洋葱切成块；菠菜切成段。

4. 把高汤倒入锅内，放入牛棒骨、牛肉、土豆，小火炖制八成熟，再把牛棒骨捞出，放入西红柿、洋葱、菠菜炖煮，至熟后放入食盐调味即可。

营养贴士： 牛肉中含有的锌是一种有助于合成蛋白质、能促进肌肉生长的抗氧化剂，对防衰防癌具有积极意义。

操作要领： 一定要到快熟的时候才能放菠菜，否则颜色不好看。

奶汤干贝烧菜花

主 料 净菜花 200 克，菜心 1 个，干贝、火腿末各 25 克

配 料 味精 1 大匙，精盐 1/2 小匙，料酒 2 小匙，奶汤 1000 克，猪油适量，葱末、姜末各少许

·操作步骤·

① 干贝放入碗中，加入适量清水，入笼蒸至熟烂，撕碎。

② 菜花掰成小朵，先放入沸水中略焯一下，捞出沥干。

③ 锅中加猪油烧热，爆香葱末、姜末，加入奶汤、精盐、料酒、味精，放入菜花、菜心、火腿末煮熟，撒上干贝即可。

·营养贴士· 菜花具有抗癌防癌、清化血管、补充维生素 K、提高机体免疫力等功效。

·操作要领· 干贝烹调前应用温水浸泡涨发，或用少量清水隔水蒸软，然后烹制入肴。

土豆牛肉汤

主料 土豆150克，嫩牛肉100克，海带少许

配料 生姜5克，花生油10克，葱10克，盐4克，鸡精粉2克，味精、胡椒粉各1克，清汤适量

·操作步骤·

① 土豆去皮切块；海带洗净切片；嫩牛肉洗净切块；生姜切末；葱切末。

② 锅置火上，倒入花生油，油热后下姜末爆香，倒入清汤，下入土豆、海带，以中火煮10分钟。

③ 倒入嫩牛肉，加盐、胡椒粉、味精、鸡精粉调味，煮熟撒葱末即成。

·营养贴士· 牛肉蛋白质含量高，脂肪含量低，能提高机体抗病能力，对生长发育及手术后、病后调养的人在补充失血和修复组织等方面特别适宜。

红花娃娃菜

主料 娃娃菜2棵，藏红花少许

配料 清鸡汤、盐、熟鸡油各适量

·操作步骤·

① 娃娃菜洗净，控干水分，装入深盘中。

② 清鸡汤倒入碗中，加盐搅匀，淋在娃娃菜上。

③ 将藏红花撒在娃娃菜上，封好保鲜膜，入蒸笼蒸15分钟取出，揭去保鲜膜，浇上熟鸡油即成。

·营养贴士· 娃娃菜具有养胃生津、除烦解渴、利尿通便、清热解毒的功效；藏红花可用于治疗胸膈痞闷、妇女经闭、血滞月经不调、产后恶露不尽等。

娃娃菜浸鱼滑

主 料 娃娃菜500克，鱼滑、鸡腿菇各适量

配 料 姜、蒜、盐、鸡精、植物油、葱、麻油、料酒、胡椒粉、生粉各适量

·操作步骤·

① 娃娃菜洗净，控干水分，切两半；蒜剥皮；姜切片；葱切碎；鸡腿菇洗净切块，放油锅快速翻炒出锅备用。

② 鱼滑放入碗中，加植物油、葱碎、麻油、盐、鸡精、胡椒粉、生粉搅匀至起胶。

③ 锅中倒植物油，油热后下蒜瓣、姜片，炸至金黄色时放入娃娃菜，加料酒，然后添入清水，煮沸后转小火，加炒好的鸡腿菇煮几分钟熄火。

④ 用筷子依次夹起少许鱼滑，慢慢下入停火的锅内，盖上锅盖浸10分钟后开火，等沸腾时，加盐、鸡精调味，最后撒上葱碎略煮片刻即成。

·营养贴士· 娃娃菜具有养胃生津、除烦解渴、利尿通便、清热解毒的功效。

·操作要领· 煮娃娃菜的水以浸过菜面为宜。

腊肉菜薹汤

主 料 菜薹300克，腊肉150克

配 料 姜末15克，料酒15克，精盐、味精各2克，鲜汤、胡椒粉各适量

·操作步骤·

① 腊肉切片；菜薹洗净，放开水锅中焯一下，捞出备用。

② 锅置旺火上，放入鲜汤、腊肉烧沸，打去浮沫，下姜末、胡椒粉、料酒烧至六成熟，倒入菜薹，烧至腊肉、菜薹熟透，下精盐、味精起锅即可。

·营养贴士· 此菜具有开胃祛寒、消食、宣肺豁痰、温中利气等功效。

金针菇豆芽汤

主 料 黄豆芽50克，金针菇40克，蘑菇、冬笋各30克，鱼豆腐、胡萝卜各少许

配 料 鲜汤、植物油、盐、醋、红尖椒、葱花各适量

·操作步骤·

① 金针菇洗净撕开；黄豆芽去根，洗净至碗中，加入少许醋；蘑菇洗净撕片；胡萝卜洗净切条；冬笋去外皮，洗净切片；红尖椒洗净切圈。

② 铁锅置火上，加植物油烧热，将黄豆芽倒入铁锅中爆炒，倒入鲜汤，以大火煮沸，然后放入蘑菇片、冬笋片、胡萝卜条、金针菇、鱼豆腐、红尖椒圈，以小火焖煮。

③ 出锅前加盐调味，撒上葱花即成。

·营养贴士· 黄豆芽具有清热明目，补气养血，防止牙龈出血、心血管硬化及降低胆固醇等功效。

罗宋汤

主 料 卷心菜1棵，胡萝卜、洋葱各2个，土豆3个，西红柿4个，牛肉250克，红肠1根

配 料 听装番茄酱1听，番茄沙司1瓶，奶油100克，面粉50克，食用油100克，精盐、糖、胡椒粉各适量

·操作步骤·

① 牛肉洗净，切块，冷水下锅，大火煮沸，之后用文火慢煮，撇去浮沫，炖煮3个小时。

② 蔬菜洗净，土豆、胡萝卜、西红柿去皮切块；卷心菜切条；洋葱切丝；红肠切块备用。

③ 取一炒锅，加入食用油、奶油，烧热后放入土豆块，煸炒到外面熟后，放入红肠，炒香后放入西红柿、卷心菜、洋葱、胡萝卜，再放入适量番茄酱、番茄沙司和精盐，旺火煸炒2分钟后，趁热全部倒入牛肉汤锅中，继续小火熬制。

④ 洗净炒锅，烤干后放入面粉，反复炒至面粉发热、颜色微黄时倒入汤锅中，搅匀。

⑤ 再熬制20分钟，调入适量精盐、糖、胡椒粉即可。

·营养贴士· 中医认为胡萝卜可以补中气、健胃消食、壮元阳、安五脏，治疗消化不良、久痢、咳嗽、夜盲症等。

·操作要领· 制作的时候，牛肉一定要炖煮好之后才可以放入其他蔬菜。

薏米仁牛蒡汤

主料 牛蒡2根，薏米仁50克，卞萝卜1根，冻豆腐1块

配料 姜、葱花、香菜、食盐各适量

·操作步骤·

① 准备所需主材料。

② 把牛蒡去皮后切片；薏米仁用温水泡至发胀；姜、卞萝卜、冻豆腐均切片。

③ 锅中倒入适量水，把牛蒡、薏米仁、姜片放入锅中熬煮。

④ 再把冻豆腐片、卞萝卜片放入锅中，煮熟后放入食盐，撒上葱花、香菜即可。

·营养贴士· 牛蒡是一种营养价值极高的保健产品，富含菊糖、纤维素、蛋白质、矿物质等成分，具有降血糖、降血压、降血脂、治疗失眠等功效。

一品素笋汤

主料 笋300克，木耳50克

配料 葱花、食盐、味精、香菜各适量

·操作步骤·

① 准备所需主材料。

② 将木耳撕成适口小块；香菜切成小段；笋切片。

③ 锅内放入适量水，放入笋片、木耳炖煮，至熟后放入食盐、味精调味，出锅前放入葱花、香菜即可。

·营养贴士· 笋类含有丰富的植物蛋白和膳食纤维、胡萝卜素、维生素B、维生素C等人体必需的营养成分，具有开胃、促进消化的作用。

腊肉
慈姑汤

主料 慈姑、腊肉各适量

配料 精盐、味精、色拉油、清汤、葱花各适量

·操作步骤·

① 慈姑去皮，洗净切片；腊肉切片。

② 慈姑放入沸水锅中焯一下，然后浸凉。

③ 锅置火上，倒色拉油烧热，加入清汤、慈姑、腊肉，以大火煮沸，再转中火煮5分钟，加精盐、味精调味，撒上葱花即成。

·营养贴士· 慈姑主解百毒，能解毒消肿、利尿。

·操作要领· 慈姑焯水后需放入冷水中浸凉再煮。

味增萝卜

主 料 白萝卜 200 克

配 料 葱花 20 克，味增酱、精盐各适量

·操作步骤·

① 白萝卜切块备用；味增酱用少许温水搅拌备用。

② 将白萝卜放入锅中，放足冷水没过萝卜，放入精盐，以中火煮开后转小火煮约 15 分钟。

③ 加入调开的味增酱搅拌均匀，撒上葱花即成。

·营养贴士· 吃萝卜可降血脂，软化血管，稳定血压，预防冠心病、动脉硬化、胆结石等疾病。

萝卜连锅汤

主 料 白萝卜 500 克，猪肉 300 克

配 料 酱油、葱末、香菜末、味精、姜片各适量，花椒粒少许

·操作步骤·

① 猪肉洗净，放入冷水中煮沸，撇去浮沫，加入姜片、花椒粒，煮熟后捞出，切薄片；白萝卜去皮切片。

② 锅置火上，添入清水，放入白萝卜片、姜片，以中火炖煮，白萝卜八成熟时倒入猪肉片，再煮 3 分钟即成。

③ 取空碗，用酱油、葱末、香菜末、味精拌成蘸料。白萝卜片和猪肉片煮好后蘸着食用。

·营养贴士· 此汤具有促进消化、增强食欲、止咳化痰、下气、解毒生津、滋阴润燥等功效。

肉末
茄条汤

主料 茄子300克，肉末15克

配料 葱末10克，香油10克，植物油50克，蒜5克，精盐、白砂糖各3克，醋3克，高汤500克

·操作步骤·

① 茄子洗净去蒂，切成长条备用；蒜切末备用。

② 锅中倒入适量的植物油烧热，放入茄子，小火煸软后盛出备用。

③ 锅中倒入少量植物油加热，放入蒜末爆香，再倒入肉末煸炒，炒熟后起锅。

④ 煮锅内倒入高汤加热，倒入茄条、肉末，用精盐、白砂糖、醋调味，出锅后撒上葱末，淋上香油即成。

·营养贴士· 常吃茄子，有助于防治高血压、冠心病、动脉硬化和出血性紫癜等疾病。

·操作要领· 茄子最好切成上下粗细一致的长条，这样煸出来的颜色效果更好。

陈皮萝卜煮肉圆

主料 白萝卜、羊肉各适量

配料 陈皮、姜、盐、鸡精、胡椒粉、香菜各适量

·操作步骤·

① 将羊肉剁成肉馅，加入盐、鸡精搅拌均匀；白萝卜、陈皮均切成丝备用；姜去皮切末；香菜洗净切段。

② 坐锅点火倒入水，待水开后放入萝卜丝，烫熟后取出放入碗中，在萝卜汤中加入陈皮、姜末，将肉馅挤成丸子入锅，熟后放入萝卜丝，加盐、胡椒粉调味，放入香菜段即可。

·营养贴士· 此菜具有促进消化、止咳化痰、补益产妇、通乳治带、助元阳、益精血等功效。

银杏萝卜靓汤

主料 白萝卜300克，香菇50克，小青菜30克，番茄20克，银杏、蚕豆、红枣、猪肉各少许

配料 盐3克，味精2克，红汤适量

·操作步骤·

① 白萝卜去皮，洗净切块；银杏、蚕豆、小青菜、红枣分别洗净；猪肉、香菇、番茄分别洗净切块。

② 白萝卜块放入锅中焯一下，捞出控干水分。

③ 汤罐置火上，倒入红汤，大火煮沸后倒入所有食材，加盐、味精调味，煮熟即成。

·营养贴士· 此菜具有促进消化、止咳化痰、防癌抗癌、延缓衰老、提高机体免疫力等功效。

高汤汆萝卜丝

主 料 鸡骨架1副，胡萝卜1根，白萝卜1根

配 料 食盐、味精各适量

·操作步骤·

① 将鸡骨架放入水盆内洗净。锅内放入适量水，将鸡骨架放入锅内，大火开锅，小火炖煮，制作成高汤。

② 将胡萝卜和白萝卜洗净后切成细丝。

③ 锅内放入适量水，水开后，放入白萝卜丝和胡萝卜丝焯一下。

④ 锅内倒入用鸡架熬好的高汤，再放入白萝卜丝和胡萝卜丝，开锅后放入食盐、味精调味即可。

·营养贴士· 白萝卜含芥子油、淀粉酶和粗纤维，具有促进消化、增强食欲、加快胃肠蠕动和止咳化痰的作用。

·操作要领· 放入萝卜丝后要敞开锅炖，把萝卜气味排出，这样吃起来更鲜。

萝卜粉丝汤

主 料 青萝卜500克，粉丝100克，猪肋条肉50克

配 料 鲜汤750克,花生油40克,大葱10克,精盐5克，味精、胡椒粉各3克

·操作步骤·

① 青萝卜洗净切丝；大葱洗净切碎；粉丝放入锅中烫软；猪肋条肉洗净切丝。

② 锅置火上，倒入花生油，烧热后下葱碎爆香，倒入猪肉丝翻炒，然后倒入鲜汤烧煮，煮沸后加入萝卜丝、粉丝同煮。

③ 待萝卜丝煮熟后，加精盐、味精、胡椒粉调味，再次煮沸即可。

·营养贴士· 青萝卜含热量较少，含纤维素较多，有助于减肥。

芋头萝卜菜汤

主 料 芋头、萝卜菜各250克

配 料 植物油50克，精盐3克，味精、胡椒粉各2克，枸杞3克，清汤适量

·操作步骤·

① 将芋头削皮洗净，切片，放入砂锅内焖烂。

② 萝卜菜择洗干净，切成碎段，焯水。

③ 锅中放植物油，烧热后下入萝卜菜，加少许精盐炒匀，然后放入芋头、枸杞、剩余精盐、味精、清汤，烧透入味后，装入汤钵内，撒上胡椒粉即可。

·营养贴士· 芋头具有益胃、宽肠、通便、解毒、补中益肝肾、消肿止痛等功效。

萝卜丝墨鱼汤

主料 青萝卜300克，墨鱼200克

配料 料酒15克，盐、植物油各适量，生姜、大葱各少许

·操作步骤·

① 青萝卜去皮洗净切丝；墨鱼处理干净后切条；大葱切丝；生姜切片。

② 锅中烧热植物油，下入姜片爆香，倒入葱丝、青萝卜丝炒1分钟，再倒入墨鱼条炒1分钟，加盐调味。

③ 向锅中倒入料酒和清水，大火炖煮约2分钟即可。

·营养贴士· 墨鱼具有补益精气、健脾利水、养血滋阴、温经通络、通调月经、收敛止血、美肤乌发的功效。

·操作要领· 墨鱼可以提前用开水焯一下，不仅可以缩短烹饪时间，减少营养流失，口感也比较好。

干贝海带
冬瓜汤

主 料：冬瓜200克，干贝20克，海带50克

配 料：葱、姜、食用油、食盐、食用油、味精各适量

操作步骤

准备所需主材料。

将海带切成菱形片，再将冬瓜切块。

将干贝、葱、姜放入锅中焯水，之后连水一起盛出备用。

锅内倒入少许食用油，加入冬瓜和海带翻炒一会儿，然后放入干贝，添加适量水，至熟后，加入食盐和味精调味即可。

营养贴士：干贝富含蛋白质、碳水化合物、维生素B_2和钙、磷、铁等多种营养成分，具有抗癌、软化血管、防止动脉硬化等功效。

操作要领：冬瓜容易变软，所以不宜煮得太久。

丝瓜
猪肉汤

主料 丝瓜1根，猪肉50克，胡萝卜、木耳各少许

配料 植物油、精盐、姜、葱、水淀粉各适量

·操作步骤·

① 丝瓜去皮洗净，切块；猪肉洗净，剁碎，加水淀粉、精盐搅拌均匀，捏成丸子；胡萝卜洗净斜切片；木耳泡发撕成小朵；姜切块；葱洗净切段备用。

② 锅置火上，倒植物油烧热，五成热时下入姜块、葱段煸香，再加入丝瓜、木耳、胡萝卜略炒。

③ 添入适量清水，放入肉丸，加精盐调味，以中火熬煮，待肉丸煮熟时拣出姜块、葱段即成。

·营养贴士· 丝瓜具有清凉、利尿、活血、通经、解毒、美白、抗衰老等功效。

·操作要领· 丝瓜要快切快炒，可以在削皮后用水淘一下，或用盐水过一过，或用开水焯一下，以减少发黑。

奶汤浸煮冬瓜粒

主 料 冬瓜粒300克，鱿鱼干（水发后）、冬菇粒（水发后）各50克，姜片15克

配 料 奶汤400毫升，盐、糖各适量

·操作步骤·

① 鱿鱼干切粒备用。

② 开锅滚开奶汤，放入姜片，下冬瓜粒、冬菇粒和鱿鱼干粒，中火煮8分钟，然后加糖、盐调味便成。

·营养贴士· 冬瓜性寒味甘，具有减肥降脂、护肾、清热化痰、防癌抗癌、润肤美容等功效。

草菇丝瓜汤

主 料 草菇6个，丝瓜1根

配 料 植物油、盐、姜、蒜、鸡精、胡椒粉各适量，枸杞少许

·操作步骤·

① 草菇洗净切片；丝瓜洗净切片；姜去皮切丝；蒜剥皮切末；枸杞洗净。

② 锅置火上，倒植物油烧热，下蒜末、姜丝爆香，倒入草菇片、丝瓜片翻炒，加盐调味，添入清水烧煮。

③ 出锅前加枸杞，用鸡精、胡椒粉调味即成。

·营养贴士· 草菇具有滋阴壮阳、增加乳汁、护肝健胃等功效；丝瓜具有清凉、利尿、活血、通经、解毒、美白抗衰老等功效。

蛤蜊丝瓜汤

主 料 红灯笼椒1个，蛤蜊、丝瓜各适量

配 料 植物油、姜、高汤、盐、料酒各适量

·操作步骤·

① 蛤蜊洗净放进碗中，倒入清水，加盐搅匀浸泡约2小时；丝瓜刮洗干净，切成滚刀块；红灯笼椒洗净，去籽切长块；姜切片。

② 锅置火上，倒入清水，加入姜片、料酒和蛤蜊，待蛤蜊开口后捞出。

③ 另置一锅，倒植物油烧热，下入姜片爆香，倒入丝瓜翻炒至断生，调入适当盐后，即可盛出。

④ 锅中留底油，倒入高汤、蛤蜊，以大火煮沸，然后换至砂锅，再倒入丝瓜、红灯笼椒，以小火慢炖约5分钟即成。

·营养贴士· 蛤蜊肉有滋阴明目、软坚、化痰等功效。

·操作要领· 煲汤时，火不要过大，火候以汤沸腾为准，如果让汤汁大滚大沸，会使汤混浊。

丸子黄瓜汤

主 料 黄瓜200克，猪肉150克，鸡蛋清适量

配 料 葱、姜、盐、味精、花椒水各适量

·操作步骤·

① 黄瓜洗净斜切片；葱、姜分别洗净切末。

② 猪肉处理干净后剁肉泥，加入鸡蛋清、姜末、葱末、盐、水搅拌均匀，捏成肉丸。

③ 锅中添水，煮沸后倒入肉丸，撇去浮沫，待肉丸煮熟后，加入黄瓜片，加花椒水、盐、味精调味即成。

·营养贴士· 此菜具有清热止渴、利水消肿、抗衰老、减肥美容、解酒等功效。

杞子南瓜汤

主 料 南瓜250克，枸杞10克，银杏20克，碎芹菜末少许

配 料 淡奶3大匙，高汤、精盐各适量

·操作步骤·

① 嫩南瓜去瓤，带皮切块。

② 枸杞、银杏洗净备用。

③ 汤煲中加适量高汤，倒入淡奶搅匀，放南瓜、枸杞、银杏，撒入精盐，大火煮开，转小火煮40分钟，撒入碎芹菜末稍煮即可。

·营养贴士· 此汤具有滋肝补肾、安神明目、补中益气、消炎止痛、润肺化痰等功效。

Chapter 3 菌豆清汤

油菜香菇汤

主 料 油菜500克，香菇200克

配 料 鸡精5克，葱花、姜末各5克，高汤1000克，精盐、色拉油各适量

·操作步骤·

① 油菜择洗干净；香菇去蒂，洗净，用开水焯烫一下，切成四半。

② 汤锅中加色拉油烧热，下入葱花、姜末略炒，再倒入高汤、香菇烧煮，待香菇煮至九成熟时，加入油菜略煮，最后加精盐、鸡精调味即可。

·营养贴士· 香菇可有效降压、降脂、降胆固醇，而油菜也是降脂能手，两者一同做汤，功效加倍。

海参牛肝菌汤

主 料 香菇40克，牛肝菌60克，海参20克，韭菜适量

配 料 鸡汤、姜、精盐各适量

·操作步骤·

① 香菇、牛肝菌去根洗净，焯水后切片；韭菜洗净切段；姜洗净切粒备用。

② 高压锅内添加鸡汤，加入海参，蒸煮5分钟后倒入砂锅中，再加入香菇、牛肝菌、姜、精盐炖煮至熟。

③ 出锅前加入韭菜即可。

·营养贴士· 此汤对肺痨咳嗽、潮热咯血、食少羸瘦、吐血、便秘者有较好的食疗作用。

香浓黄豆锅

主 料 氽烫好的白菜叶200克，浸泡好的黄豆100克，牛肉片80克，洋葱泥60克，青辣椒丝、红辣椒丝各30克

配 料 小鱼干昆布高汤1000克，葱花45克，盐5克，植物油5克，拌菜调味酱（虾酱45克，蒜末15克，辣椒粉30克，芝麻盐、胡椒粉、香油各少许），汤调味料适量

·操作步骤·

① 榨汁机内放入泡好的黄豆，再放入比黄豆量略少的清水，磨成黏稠的黄豆泥。

② 氽烫好的白菜切成4厘米的段，拌菜调味酱调匀，取适量与白菜拌匀。

③ 陶锅内放入植物油，六成热时放入洋葱泥、牛肉片，小火翻炒3分钟，放小鱼干昆布高汤小火煮滚，然后加入白菜叶小火烧开，再放盐、葱花和剩余的拌菜调味酱，小火烧开，最后放入黄豆泥，烧至汤沸，撒青辣椒丝、红辣椒丝上桌，跟拌好的汤调味料一起食用。

·营养贴士· 此菜具有健脾宽中、益气、养胃生津、除烦解渴、利尿通便、清热解毒等功效。

·操作要领· 汤调味料由辣椒粉30克，酱油、小鱼干昆布高汤各15克，蒜末10克，芝麻盐、香油各少许调制而成。

香菇软骨汤

主料 香菇、猪软骨各适量

配料 高汤、精盐、鸡精各适量，香菜少许

·操作步骤·

① 香菇洗净；猪软骨洗净，放入沸水锅中烫一下，然后过凉水切块。

② 锅中倒入高汤，加入猪软骨煮 30 分钟，再放入香菇，以小火煮 90 分钟。

③ 最后放精盐、鸡精调味，撒上香菜即可。

·营养贴士· 猪软骨含有大量磷酸钙、骨胶原等，非常适合需要补钙的儿童食用。

猪舌雪菇汤

主料 香菇、猪舌、猪瘦肉各适量，银耳少许

配料 精盐、味精、食用油各适量

·操作步骤·

① 猪舌洗净切片；猪肉洗净切片；香菇泡发，洗净切块；银耳泡发，洗净备用。

② 将猪舌、猪瘦肉用食用油、精盐腌一下。

③ 锅中添水，倒入香菇、银耳，以大火煮沸，再转小火煮约 15 分钟，加入猪舌、猪瘦肉，煮熟后加精盐、味精调味即成。

·营养贴士· 本道汤品可以生津止渴，对肺肾固亏有很好的功效。

群蘑腐竹煲

主 料 腐竹100克，五花肉80克，香菇（泡发）、金针菇、木耳、胡萝卜、白萝卜各适量

配 料 生粉1勺，红辣椒圈、蒜蓉、油、生抽、白糖各适量

·操作步骤·

① 五花肉切片；腐竹泡发后切段。

② 烧锅热油，放蒜蓉，待金黄下肉片，炒至五成熟盛起待用。

③ 放油大火爆炒香菇，出味，下胡萝卜、白萝卜、木耳、金针菇和腐竹兜炒，再加生抽和一碗水，炒均匀，盖上锅盖焖制，中火焖至腐竹变软入味了，再把肉片加进去。

④ 加少许的白糖，翻炒，放红辣椒圈，用生粉勾芡，翻炒均匀，盛放在砂锅里，加热烧开即可。

·营养贴士· 本汤具有改善血液循环、延缓衰老、抗氧化之功效。

·操作要领· 腐竹焖的时间应因量而定，中间得掀开锅盖翻炒几下，检查水有没有烧干，保持酱汁可以半淹到腐竹。

胡萝卜蘑菇汤

主 料 胡萝卜100克，蘑菇30克，黄豆、西蓝花各20克

配 料 色拉油4克，精盐3克，白糖1克，清汤适量

·操作步骤·

① 胡萝卜去皮切块；蘑菇洗净切片；西蓝花洗净撕成小朵；黄豆倒进清水中浸泡片刻，然后上锅蒸熟备用。

② 锅置火上，倒入色拉油，油热后下入胡萝卜、蘑菇翻炒，然后倒入清汤，以中火烧煮。

③ 待胡萝卜、蘑菇煮熟后倒入黄豆、西蓝花同煮，最后加入精盐、白糖调味即可。

·营养贴士· 蘑菇味甘、性平，有散血热、解表化痰、理气等功效。

竹荪炖排骨

主 料 排骨、竹荪、山药各适量

配 料 姜片、葱段、精盐、黄酒、料酒各适量

·操作步骤·

① 排骨用加了姜片、料酒、葱段的水飞过；竹荪用清水冲洗后再用温水浸泡30分钟；山药去皮切滚刀块，用淡盐水泡上备用。

② 煲汤时一次加足水，放入排骨，大火烧开后撇去浮沫，加姜片、葱段、黄酒烧开后，转中小火煲1小时左右。

③ 将泡好的竹荪与山药一起倒入汤锅，中火煲20分钟，最后加精盐调味即可。

·营养贴士· 竹荪能够保护肝脏，减少腹壁脂肪的积存，有俗称“刮油”的作用。

冰糖桂圆
银耳汤

主料 桂圆20克，银耳15克

配料 枸杞10克，冰糖25克，糖桂花适量

·操作步骤·

① 银耳泡发，洗净，用手撕成小朵；枸杞洗净，用水泡10分钟。

② 在砂锅中倒入适量的水，先放入银耳、桂圆，中火熬开，然后放入冰糖，小火煲40分钟。

③ 放入枸杞，再煲10分钟，最后撒上糖桂花即可。

·营养贴士· 此汤具有美容、明目、清热去火、降三高、软化血管、补钙、补血的功效。

·操作要领· 银耳泡水后容易涨发，熬煮的过程中也会涨发，所以一次不用泡太多。

口蘑火腿竹荪汤

主 料 干竹荪、口蘑各30克，火腿1根，萝卜菜苗少许，猪肉适量

配 料 精盐3克，鸡油5克，鸡汤适量

·操作步骤·

① 竹荪洗净，放入锅中焯水；口蘑洗净，放入清水中浸透，然后切成薄片；火腿去外皮切片；萝卜菜苗洗净；猪肉洗净切块。

② 锅置火上，倒入鸡汤，加精盐调味，煮沸后加入竹荪、口蘑、火腿、猪肉同煮。

③ 煮熟后加入萝卜菜苗略煮，然后盛出淋上鸡油即可。

·营养贴士· 竹荪具有滋补强壮、益气补脑、宁神健体的功效。

银耳羹

主 料 银耳30克，去皮花生仁10克

配 料 冰糖适量（依个人口味，可不加），枸杞5克，红枣少许

·操作步骤·

① 干银耳泡发，去蒂及杂质后撕成小朵，加适量水放入蒸笼，蒸30分钟后取出备用；枸杞、红枣洗净；去皮花生仁泡好备用。

② 银耳、枸杞、红枣、去皮花生仁、冰糖放入砂锅中，大火煮开，再用小火煮约10分钟即成。

·营养贴士· 银耳羹具有补脾开胃、滋阴润燥、益气清肠、安眠、补脑的功效。

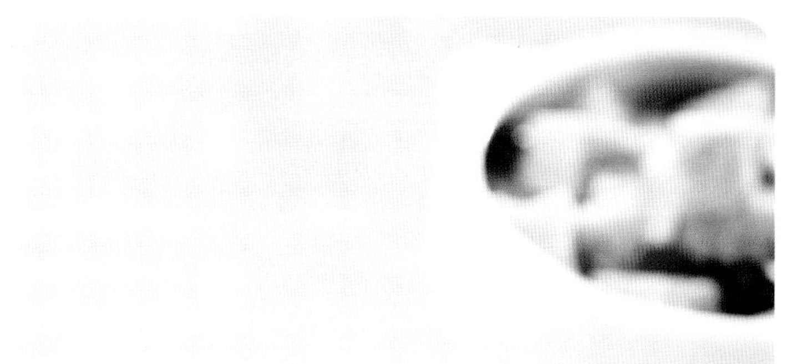

银耳雪蛤汤

主 料 干银耳、雪蛤膏各适量，香肠少许

配 料 冰糖适量

·操作步骤·

① 干银耳泡发，撕成小朵；雪蛤膏提前用水浸泡12小时，然后放入热水中洗净，捞起，控干水分；香肠切三角片。

② 汤锅置火上，加入雪蛤膏、银耳、冰糖、香肠片和水，煮1个小时即可。

·营养贴士· 此汤具有降火气、祛痰、增强记忆力的功效，是适合女性经常服用的养生驻颜佳品。

·操作要领· 清洗雪蛤膏的热水温度不宜过高，约80℃即可。

银耳枸杞山药汤

主 料 山药200克，莲子100克，红枣60克，枸杞30克，鲜银耳150克

配 料 冰糖25克

·操作步骤·

① 银耳洗净，去根撕小朵；山药去皮切块；莲子、红枣洗净备用。

② 锅中注入清水，水沸腾后加入冰糖、山药、枸杞、莲子、红枣，不停搅拌，5分钟后加入银耳，至熟即可出锅。

·营养贴士· 枸杞补血明目，可增加白细胞数量，使抵抗力增强，预防疾病。

西红柿木耳汤

主 料 木耳、西红柿各适量

配 料 香油、精盐、植物油、葱花各适量

·操作步骤·

① 木耳用水泡好，洗净撕片；西红柿切小块；大葱洗净切葱花。

② 锅中倒植物油，油热后放入西红柿略炒，加精盐调味。

③ 待西红柿炒出浓汁时放入木耳，倒入开水，煮沸后淋入香油，撒上葱花即可。

·营养贴士· 木耳可养血驻颜，令人肌肤红润，容光焕发，而西红柿具有减肥瘦身的功效，此道汤品作为减肥食谱实乃佳品。

酸辣五丝汤

主 料 豆腐200克，鸡血100克，猪肉、鸡蛋各50克，香菇30克，红辣椒20克

配 料 猪油30克，葱15克，醋10克，花椒、胡椒粉各5克，精盐8克，味精4克，鸡油18克，湿淀粉12克，植物油适量

·操作步骤·

① 将豆腐、鸡血分别切成5厘米长的细丝；瘦肉、香菇分别切成3厘米长的细丝；鸡蛋打散；葱切短段；红辣椒洗净去籽切丝。

② 锅坐火上放植物油，油烧至五成热，放花椒、葱段，炒出香味，去渣留油，加水；水沸后放豆腐丝、鸡血丝、猪肉丝、香菇丝、红辣椒丝，烧开后撇去浮沫，放精盐、湿淀粉。

③ 待汤汁收浓后，将鸡蛋淋入划散，放猪油、葱段、胡椒粉、醋、味精、鸡油调味，盛在汤碗内即可。

·营养贴士· 鸡血中含有丰富的蛋白质、铁、钴、凝血酶以及多种微量元素，是缺铁性贫血患者的补血佳品。

·操作要领· 猪肉宜选用纯瘦肉。

鸡腿菇汤

主 料 鸡腿菇1个

配 料 酸辣汤粉半包，小葱一小把，淀粉、盐、黑胡椒粉各适量

·操作步骤·

① 鸡腿菇洗净切小片，用酸辣汤粉拌匀腌5~10分钟；小葱洗净切碎备用。

② 开火，鸡腿菇连同酸辣汤粉下锅，以凉水煮开，加少许淀粉，打开锅盖继续煮，根据自己口味加盐、黑胡椒粉调味。

③ 煮到汤汁变得浓稠一些，撒上葱花即可。

·营养贴士· 鸡腿菇营养丰富、味道鲜美、口感极好，经常食用有助于增进食欲、促进消化、增强人体免疫力。

素食养生锅

主 料 玉米1根，杏鲍菇6朵，鲜香菇100克，冬粉1把，黄豆芽、红尖椒各适量

配 料 清汤火锅料1包

·操作步骤·

① 玉米洗净切段；黄豆芽洗净备用；杏鲍菇、鲜香菇洗净切片；红尖椒洗净切段；冬粉泡水备用。

② 取一锅清水加入清汤火锅料，将材料全部放入锅中以大火煮开后，转中小火煮约10分钟即可。

·营养贴士· 杏鲍菇具有降血脂、降胆固醇、促进肠胃消化、增强机体免疫能力、防止心血管病等功效。

平菇肉丝汤

主 料：猪肉、茼蒿、平菇各 100 克

配 料：香油、食盐、味精各适量

1. 准备所需主材料。

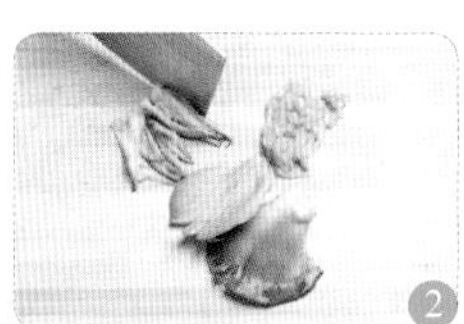

2. 把猪肉和平菇切成丝。

3. 将茼蒿切成小段。

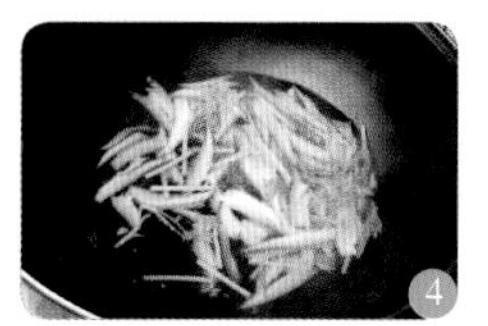

4. 锅内放入适量水，放入猪肉、平菇，最后放入茼蒿，至熟后放入食盐、味精调味，最后淋入香油即可。

营养贴士：平菇中含有丰富的营养物质，蛋白质含量高，而且氨基酸成分种类齐全，矿物质含量十分丰富，具有追风散寒、舒筋活络的功效。

操作要领：此汤不宜煮太久，所有食材煮熟后即可出锅，否则肉丝容易变老。

菌菇酸汤

主 料 海鲜菇、鸡腿菇各100克，青尖椒、红尖椒各1个，粉丝适量

配 料 酸汤、姜、鲜花椒、精盐各适量

·操作步骤·

① 海鲜菇、鸡腿菇洗净，放入开水中焯一下；青尖椒、红尖椒去蒂，洗净切圈；姜切片。

② 锅置火上，倒入酸汤，下海鲜菇、鸡腿菇、粉丝、青尖椒圈、红尖椒圈、姜片、鲜花椒同煮，最后加精盐调味，煮熟即可。

·营养贴士· 常食海鲜菇有抗癌、防癌、提高免疫力、预防衰老、延长寿命的功效。

猪肺豆腐汤

主 料 豆腐300克，猪肺200克，火腿25克

配 料 葱15克，姜10克，精盐、味精各5克，料酒8克，鲜汤、猪油各适量

·操作步骤·

① 猪肺洗净，切小块；葱洗净，切花；姜切末；火腿去皮切末；豆腐切块。

② 锅置火上，添入清水，放入猪肺煮熟，净锅添清水，煮沸后放入豆腐块，然后捞出放入凉水中浸凉。

③ 锅置火上，倒入猪油，烧热后加入鲜汤、猪肺、豆腐、精盐、味精、料酒、姜末，盖锅盖烧煮，待汤汁乳白时，撒上葱花、火腿末，出锅即可。

·营养贴士· 本道汤品有清火升津、顺火化痰、消积食、补虚等功效。

高汤猴头菇

主 料 猪棒骨1根，猴头菇、香菇各50克，油菜2棵

配 料 食盐、味精各适量

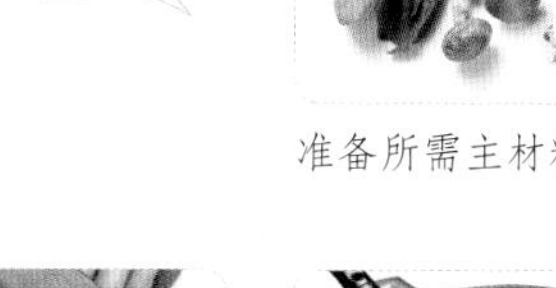

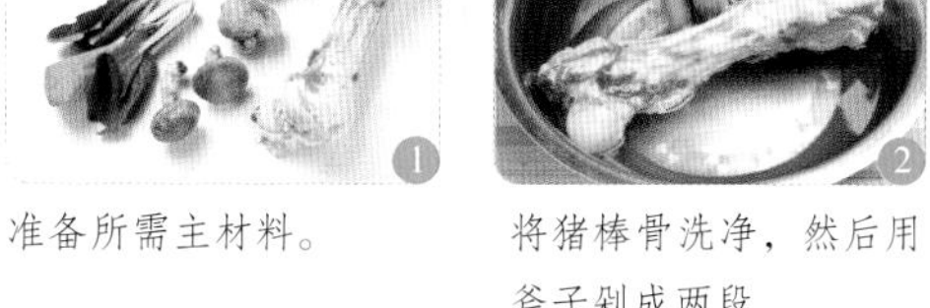

1. 准备所需主材料。

2. 将猪棒骨洗净，然后用斧子剁成两段。

3. 将猴头菇、香菇、油菜洗净，把猴头菇切片，将每棵油菜一分为二。

4. 锅内放入适量水，放入猪棒骨，熬制成高汤。

5. 锅内放入猴头菇、香菇、油菜，熬煮至熟后放入食盐、味精调味即可。

营养贴士：猴头菇营养丰富，含有蛋白质、16种氨基酸、多种维生素及矿物质等营养，具有健胃、补虚、抗癌、益肾精之功效。

操作要领：猪棒骨的熬制时间要长一些，要熬至汤汁成乳白色最佳。

海米豆芽豆腐汤

主料 豆腐200克，海米、豆芽各适量

配料 葱、姜、蒜各少许，植物油、精盐、白糖各适量。

·操作步骤·

① 豆腐切块；海米洗去杂质；豆芽洗净；姜、葱、蒜切末备用。

② 锅中放植物油，烧至六成热时下姜末、蒜末爆香，倒入海米煸炒，然后倒入清水、豆腐、豆芽同煮，最后加入精盐、白糖调味，煮熟后撒上葱末即可。

·营养贴士· 豆腐熟食可强壮身体，调和肠胃，增进饮食。

排骨豆腐汤

主料 排骨、豆腐各适量，菠菜少许

配料 精盐、老抽、生抽、香油、胡椒粉各适量

·操作步骤·

① 菠菜洗净切段；排骨放入热水锅中焯水，煮熟；豆腐切块。

② 取砂锅，倒入煮熟的排骨，放胡椒粉、豆腐、精盐、生抽，以大火煮沸。

③ 放入菠菜，滴几滴老抽，继续烧煮片刻，最后滴入少许香油即成。

·营养贴士· 豆腐既暖胃又滋补，非常有利于增强体质，是清火消食的佳肴。

泡菜豆腐锅

主 料 白菜泡菜200克（带汤汁），豆腐600克，泡好的粉丝、鲜菇各300克，肉片400克

配 料 香油30克，味增45克，蒜末15克，红辣椒粉15克，葱花10克，柴鱼粉10克

·操作步骤·

① 豆腐切成小块。

② 锅内放入香油，烧至六成热时放入蒜末小火煸炒出香味，加味增小火炒香后再放入泡菜、清水小火烧开，然后放入豆腐、红辣椒粉、柴鱼粉小火烧开即成锅底。

③ 在锅中放入泡好的粉丝、鲜菇、肉片煮熟，撒上葱花即可出锅。

·营养贴士· 本汤具有开胃御寒、安神健脑、美容、抗衰老之功效。

·操作要领· 锅底做好后，将豆腐锅端上桌，放入泡好的粉丝、鲜菇、肉片，撒葱花边煮边吃，口味更佳。

虾仁豆腐汤

主 料 虾仁100克，豆腐1块，鸡蛋2个，菠菜适量

配 料 高汤、料酒、食盐各适量

·操作步骤·

① 准备所需主材料。

② 将虾仁浸泡在料酒内；菠菜切段；豆腐切成小块；取鸡蛋清并搅拌均匀。

③ 锅内放入适量高汤，放入虾仁、豆腐炖煮，然后放入菠菜。

④ 向锅内放入鸡蛋清并搅散，最后放入食盐炖煮片刻即可。

·营养贴士· 本汤富含植物蛋白质、赖氨酸、钙、碘及多种维生素，具有补虚健体的功效。

豆腐羊肉汤

主 料 羊肉200克，豆腐300克

配 料 蒜末2克，料酒4克，姜末5克，花椒5克，精盐3克，味精1克，植物油60克，鲜汤适量

·操作步骤·

① 将羊肉洗净切块；豆腐切块备用。

② 锅置火上，放植物油烧热，投入花椒和羊肉块，将羊肉块炒至变色，加入鲜汤、姜末、料酒、蒜末和精盐，倒入煲内，用小火烧至酥烂，最后下入豆腐块烧透，撒入味精即成。

·营养贴士· 此菜对肺结核、气管炎、哮喘、贫血、产后气血两虚、腹部冷痛等疾病有良好的食疗效果。

芙蓉豆腐汤

主 料 豆腐400克，莴笋50克，豌豆尖30克，香菇（鲜）、蘑菇（鲜蘑）各25克，牛奶100克

配 料 素汤200克，精盐15克，白砂糖20克，淀粉（玉米）4克，胡椒粉、味精各5克，植物油适量

·操作步骤·

① 淀粉放碗内，加水调制成水淀粉糊备用；将豆腐用刀背剁蓉，放碗内和牛奶拌匀，然后加精盐、味精、水淀粉调匀，上笼用旺火蒸。

② 上汽后改用小火蒸10分钟，起笼入碟内。

③ 将香菇、蘑菇、莴笋、豌豆尖洗净，蘑菇切薄片，莴笋切菱形片。

④ 净炒锅放植物油烧热，下素汤，然后放入香菇、蘑菇、莴笋，烧开煮熟。

⑤ 捞出摆于豆腐糕四周，汤里加精盐、胡椒粉、白砂糖、味精，推转，勾芡，浇于豆腐糕上即成。

·营养贴士· 本汤含有丰富的蛋白质、维生素及多种矿物质，具有清热解毒、促进消化、补充钙质之功效。

·操作要领· 蒸豆腐时，上汽后即改用小火，这样蒸出来的豆腐糕才会鲜嫩。

虾仁韭菜豆腐汤

主料 豆腐300克，韭菜50克，虾仁100克

配料 鸡汤600克，精盐、胡椒粉各适量

·操作步骤·

① 豆腐切块；韭菜切末；虾仁洗净备用。

② 锅中注入鸡汤，煮开，下入豆腐、虾仁，煮到沸腾，转文火煮15分钟，加入韭菜。

③ 改旺火煮沸后关火，最后加精盐、胡椒粉调味即可。

·营养贴士· 豆腐是最佳的降血压、降血脂、降胆固醇的特种食品，可以改善人体脂肪结构。

四丝汤

主料 嫩豆腐、熟冬笋、熟鸡肉、鲜海带各30克

配料 料酒、精盐、鸡精各适量

·操作步骤·

① 将嫩豆腐、熟冬笋、熟鸡肉、海带洗净，切丝。

② 锅中烧开水，将豆腐丝、笋丝下锅，待煮沸后，加料酒、精盐、鸡精，撇去浮沫，然后下鸡丝、海带丝略煮即可。

·营养贴士· 此汤具有养颜美容、降血脂、抗衰老等功效。

鲁式酸辣汤

主 料 豆腐 1/4 块，粉丝 100 克，木耳 40 克，里脊丝 50 克，鸡蛋 1 个

配 料 水淀粉、盐、料酒、醋、生抽、胡椒粉、鸡精、芝麻、香油、姜丝、香菜碎、香葱末各适量

·操作步骤·

① 将里脊肉丝用料酒、鸡精、胡椒粉、盐、水淀粉上浆备用；取一小碗，加入醋、胡椒粉、生抽、盐搅成胡椒醋汁备用；豆腐切细条；粉丝用热水焯软；木耳洗净切丝；鸡蛋打散备用。

② 锅置火上，加水煮开，下入木耳丝及姜丝，煮 3~5 分钟后下入浆好的里脊丝拨散，打去浮沫，下入切成细条的豆腐、粉丝，开锅后加入对好的胡椒醋汁搅匀，然后立刻加入水淀粉，用锅铲轻推，待变浓后关小火。

③ 均匀地倒入鸡蛋液，全倒完后再用锅铲轻推 1~2 下，形成大片的蛋花，中火至开加入鸡精、香油立即关火，装碗里撒些芝麻、香葱末、香菜碎、姜丝点缀即可。

·营养贴士· 酸辣汤具有健脾养胃、柔肝益肾的功效，适用于辅助治疗食欲不振。

·操作要领· 醋和胡椒粉调成的汁加入以后的操作动作要迅速，否则久煮会失去风味。

油菜豆腐汤

主 料 嫩豆腐1块，油菜100克

配 料 植物油、盐、湿淀粉、熟鸡油、葱花、浓缩鸡汁各适量

·操作步骤·

① 将嫩豆腐切成片；油菜洗净。

② 锅内烧水，待水开后放入油菜快速烫熟，捞起，摆入碗内。

③ 另烧锅下植物油烧热，放入葱花炝锅，注入适量浓缩鸡汁和水，加入豆腐，调入盐，用小火烧透，用湿淀粉勾芡，淋入熟鸡油，盛入装有油菜的碗内即可。

·营养贴士· 豆腐可以改善人体脂肪结构。

红烧汤

主 料 番茄400克，嫩豆腐250克，胡萝卜、白萝卜各适量

配 料 葱、葵花籽油、精盐、鸡精、辣椒酱各适量

·操作步骤·

① 番茄剥去皮切成小块；豆腐、胡萝卜、白萝卜切丁；葱切花。

② 锅中放入葵花籽油烧热，放入番茄翻炒，待煮烂熬成糊状，放入胡萝卜丁、白萝卜丁、豆腐翻炒，让豆腐充分吸收番茄汁，然后加入少量水、精盐、鸡精、辣椒酱烧开，最后撒上葱花即可。

·营养贴士· 此汤具有养颜美容、益气、清热润燥等功效。

蟹肉烩豆腐

主 料 嫩豆腐200克，蟹肉60克，韭黄30克

配 料 橄榄油、料酒、香油各5克，淀粉10克，香菜3克，精盐、胡椒粉各少许

·操作步骤·

① 嫩豆腐切小块；韭黄洗净切碎。

② 锅置火上，倒入橄榄油，加清水，以大火煮沸后加入嫩豆腐、蟹肉、韭黄同煮，加精盐、胡椒粉调味，并倒入料酒，同时用淀粉勾芡。

③ 待煮熟时加入香菜，稍煮淋入香油即可出锅。

·营养贴士· 此道汤品富含钙、磷、铁，还含有蛋白质、脂肪、维生素B_1等，是钙质的良好来源。

·操作要领· 嫩豆腐为黄豆制品，无胆固醇，含的脂肪为多不饱和脂肪酸，所以烹饪用橄榄油来增加单不饱和脂肪酸的量。

五彩豆腐汤

主料 嫩豆腐400克，小白菜、胡萝卜、白萝卜、水发木耳各适量

配料 水淀粉、精盐、味精、胡椒粉各适量

·操作步骤·

① 嫩豆腐切小块；胡萝卜、白萝卜洗净去皮切丁；水发木耳泡发后撕片；小白菜洗净切段。

② 锅中加水烧开，放入豆腐、胡萝卜、白萝卜、木耳、小白菜，加精盐、味精调味，煮约10分钟。

③ 出锅前用水淀粉勾芡，再撒入胡椒粉调匀即可。

·营养贴士· 此菜具有促进人体新陈代谢、延缓衰老、通肠导便、防治痔疮等功效。

豆腐丸子汤

主料 嫩豆腐500克，猪肉末100克，蘑菇粒30克，鸡蛋1个，白菜心适量

配料 生粉、胡椒粉、葱姜末、高汤、盐、鸡精、香菜段各适量

·操作步骤·

① 将嫩豆腐切去硬皮在盆中用勺抿成泥。

② 加入葱姜末、鸡蛋、肉末、蘑菇粒、生粉、胡椒粉打上劲。

③ 高汤烧开后转小火，将豆腐丸子下入汤内，小火将丸子定型，再用中火将丸子煮熟。

④ 下入白菜心，调入盐、鸡精，盛入盆中，撒上香芹段即可。

·营养贴士· 本汤营养全面、容易消化，具有补中益气、清热润燥、生津止渴、清洁肠胃之功效。

豆腐蔬菜浓汤

主 料 盒装豆腐半盒，香菇数个，小青菜数棵，胡萝卜适量

配 料 面粉一小把，姜丝、盐、鸡精、胡椒粉、色拉油各少许

·操作步骤·

① 豆腐、香菇、小青菜、胡萝卜分别切小碎丁。

② 锅中水开后放入香菇、胡萝卜和小青菜菜梗焯水，再次煮开后捞起。

③ 锅中加入少许色拉油，油四到五成热时加入一小把面粉，迅速翻炒，加入姜丝翻炒均匀。

④ 倒入适量的开水，搅拌成浓汤，在汤中加入焯水后的香菇、胡萝卜和菜梗，同时放入豆腐和菜叶。

⑤ 菜叶变软后，放盐、鸡精、胡椒粉调味，即可出锅。

·营养贴士· 本汤富含多种维生素，既开胃又健康，有利于增强人体抵抗力，防止口干舌燥、气喘心烦。

·操作要领· 只要没有成分上的冲突，可以选择时令的新鲜蔬菜自由搭配，更加适合家里人的口味。

海带炖冻豆腐汤

主料 五花肉、鲜海带各100克，冻豆腐250克

配料 猪油50克，精盐4克，味精2克，葱5克，姜2克，鲜汤适量

·操作步骤·

① 将冻豆腐化开，洗净，挤干水分，切块；海带洗净，切片；五花肉氽烫后，切块；葱切花；姜切丝。

② 锅内放猪油烧至七八成热，投入葱花、姜丝爆出香味，然后放入五花肉、冻豆腐和海带煸炒几下，再加入鲜汤，用旺火烧开，撇去浮沫，盖上锅盖，转用小火炖30分钟，最后加入精盐和味精即可。

·营养贴士· 此菜具有排毒养颜、减肥的功效。

萝卜双豆汤

主料 豆腐干、豌豆、胡萝卜各100克，海带适量

配料 高汤适量，植物油、水淀粉、姜片、盐、香油各少许

·操作步骤·

① 豆腐干、胡萝卜切成三角形薄片；豌豆、海带切段。

② 用沸水将豆腐干、豌豆、胡萝卜、海带焯一下。

③ 起油锅，下姜片炒香，加适量高汤，放入焯过的蔬菜，小火煨5分钟。

④ 开锅加盐调味后勾芡，淋少许香油即成。

·营养贴士· 本汤低脂肪高营养，具有美容养颜、保护视力之功效。

豆花泡菜锅

主 料 豆花400克，南瓜200克，青菜300克

配 料 牛骨高汤2000克，泡菜汁3大匙，酱油、麻油各1大匙，姜泥1茶匙，盐1/2茶匙，细砂糖1茶匙，红辣椒段适量

·操作步骤·

① 南瓜去皮切厚片；青菜切段。

② 取一锅，放入南瓜和青菜，再加入泡菜汁、牛骨高汤和红辣椒段，以中大火煮至滚沸。

③ 豆花以汤勺挖大片状，加入锅内，最后将所有调味料调匀，一起加入锅中调味即可。

·营养贴士· 本汤具有调和脾胃、消除胀满、通大肠浊气、清热散血之功效。

·操作要领· 青菜可以用韩国泡菜来代替，味道更佳酸辣。

鸭肉萝卜 豆腐汤

主料 鸭肉200克，豆腐300克，白萝卜50克，香菇、菠菜各20克

配料 姜10克，胡椒粉、精盐各适量，枸杞、香菜各少许

·操作步骤·

① 鸭肉洗净切块；豆腐切块；白萝卜洗净切块备用；香菜、菠菜洗净切段备用；香菇洗净切片；姜切末备用。

② 锅中倒入清水加热，放入鸭肉，用姜末调味，继续炖煮。

③ 加入白萝卜、菠菜、香菇、枸杞、豆腐大火煮开，降低火力煮到鸭肉九成熟，加入精盐、胡椒粉调味，最后撒上香菜即成。

·营养贴士· 鸭肉可滋五脏之阴、清虚劳之热、补血行水、养胃生津，既能补充营养，又可祛除暑热。

·操作要领· 当鸭肉煮沸之后，要注意转文火加热。

Chapter 4 畜肉浓汤

枸杞瘦肉强身汤

主料 瘦肉80克，枸杞梗、枸杞子各适量

配料 油、盐、姜丝各适量

·操作步骤·

① 枸杞梗洗净，切段；瘦肉切片，用姜丝、油、盐腌渍一下；枸杞子洗一下备用。

② 锅里放适量的水，下入枸杞梗，煮开后小火煮8分钟出味，然后捞起弃之不要。

③ 下肉片和枸杞子再煮开，最后加盐调味即可。

·营养贴士· 枸杞子有改善大脑的功效，能增强人的学习记忆能力。

豆芽肉饼汤

主料 猪肉250克，黄豆芽200克，冬瓜150克，鸡蛋50克

配料 酱油8克，姜10克，葱8克，胡椒粉、味精各5克，盐10克，淀粉15克，鲜汤适量，香菜段少许

·操作步骤·

① 姜、葱洗净切末；猪肉剁细，装入碗内，加鸡蛋、淀粉、盐、姜末、葱末，搅拌均匀成馅，做成直径约15厘米的肉饼；将黄豆芽掐足洗净；冬瓜去皮洗净切片备用。

② 将黄豆芽、冬瓜放入装有鲜汤的锅内煮，加盐、酱油、胡椒粉、味精等调味。

③ 上味后，连汤带菜倒入汤碗内，将肉饼放在菜上，上笼蒸熟，取出缀上香菜段即成。

·营养贴士· 此汤具有清热利湿、消肿除痹、祛黑痣、治疣赘、润肌肤的功效。

连锅汤

主料 猪后腿肉350克，白萝卜1根

配料 姜3片，淡色鲜酱油15克，花椒粒5克，辣豆瓣酱、醋、麻油各5克，辣油、糖各少许，葱结、精盐各适量

·操作步骤·

① 猪肉洗净，整块放进凉水里，加花椒粒、葱结、姜片，大火烧开，撇去浮沫，转小火煮30分钟左右，捞出猪肉，晾凉后切薄片；白萝卜洗净切成小片。

② 猪肉片和萝卜片放回锅中，捞出花椒粒、葱结、姜片，继续用小火煮至萝卜透明、够软，加入精盐调味即可。

③ 取一小碗，将酱油、辣豆瓣酱、醋、麻油、辣油、糖混合调好成蘸料，一起上桌蘸食。

·营养贴士· 此汤具有降逆止呕、化痰止咳、散寒解表、消食积、化痰、宽中、补血、补虚强身、滋阴润燥等功效。

·操作要领· 煮肉的时候不用加太多香料用一点儿花椒、葱和姜去腥即可。

孜然牛肉蔬菜汤

主料 牛肉、洋葱、豆角、地瓜、胡萝卜各适量

配料 孜然、八角、苏叶、辣椒粉、精盐、料酒、酱油各适量

·操作步骤·

① 牛肉洗净切块；洋葱去皮切块；豆角洗净掰段；地瓜去皮，洗净切块；胡萝卜洗净切块。

② 锅中添水，下入八角烧煮，煮沸后倒入牛肉、洋葱、豆角、地瓜、胡萝卜，待快煮熟时加孜然、辣椒粉、精盐、料酒、酱油调味，最后倒入碗中加入苏叶即可。

·营养贴士· 此汤具有补中益气、滋养脾胃、预防癌症、防止老化等功效。

牛肉苏泊汤

主料 牛肉50克，土豆、西红柿、大头菜各适量，青椒少许

配料 香叶、八角、盐各适量

·操作步骤·

① 大头菜洗净撕片；西红柿去皮切块；青椒洗净斜切片；土豆去皮切块；牛肉洗净切块。

② 将牛肉放入锅中焯去血沫，捞出洗净，再放入净锅中，加水煮30分钟，然后加入土豆块、香叶、八角，煮10分钟。

③ 最后加入大头菜、西红柿、青椒，再煮20分钟，拣出香叶，加盐调味即成。

·营养贴士· 此汤具有补中益气、生津止渴、健胃消食、清热解毒等功效。

冬瓜汆丸子

主料 猪肉馅100克，冬瓜片250克

配料 淀粉、生抽、绍酒、蒜片、姜片、精盐、鸡精、植物油、香芹叶各适量

·操作步骤·

① 把猪肉馅和淀粉、生抽、精盐、绍酒调匀待用。

② 锅中放植物油烧热，入蒜片、姜片爆香，然后加入适量水煮沸，把调好的馅捏成一个个小丸子，下进锅里，用中火煮约10分钟，再下切好的冬瓜片至熟，最后加鸡精和精盐调味，放上香芹叶装饰即可。

·营养贴士· 此汤具有减肥降脂、润肤美容、补虚强身、滋阴润燥等功效。

·操作要领· 肉丸宜小不宜大，这样便于煮熟。

山楂红枣煲牛肉

主 料 牛肉300克，山楂30克，红枣40克

配 料 姜片20克，葱段10克，精盐适量

·操作步骤·

① 将牛肉洗净斩块；山楂、红枣洗净，山楂去核。

② 锅内加水烧开，放入姜片、牛肉稍煮片刻，除去血沫，待用。

③ 将处理好的牛肉放入瓦煲内，再加入姜片、葱段煲2个小时，然后加入山楂、红枣继续煲15分钟，拣去姜片、葱段，调入精盐即成。

·营养贴士· 此汤有补中益气、滋养脾胃、降血脂、抗衰老、活血化瘀等功效。

羊肉大补汤

主 料 羊肉400克

配 料 姜10克，料酒5克，精盐、胡椒粉各2克，白糖5克，味精1克

·操作步骤·

① 羊肉洗净剁块，用清水浸泡1小时以上；姜去皮洗净，切丁。

② 锅内加水，放入羊肉块，用中火烧开煮去血水，捞起冲净待用。

③ 在汤碗内放入羊肉块、姜丁、精盐、味精、白糖、胡椒粉、料酒，注入清水，放入蒸锅蒸2个小时拿出即可。

·营养贴士· 羊肉具有暖中补虚、补中益气、开胃健身、益肾气、养胆明目等功效。

萝卜牛腩汤

主 料 牛肉400克，白萝卜200克，胡萝卜100克

配 料 姜、盐、米酒、味精、香油、辣椒粉各适量

·操作步骤·

① 牛肉洗净切块；白萝卜洗净切块；胡萝卜洗净切块；姜切片。

② 锅中添水，煮沸后下入牛肉焯一遍。

③ 锅中倒入清水，倒入牛肉块、胡萝卜块、白萝卜块，以小火慢炖，待牛肉炖烂后加入姜片、米酒、盐、味精、香油、辣椒粉稍炖，拣去姜片即成。

·营养贴士· 此汤具有补中益气、强健筋骨、促进消化、增强食欲、止咳化痰、益肝明目等功效。

·操作要领· 姜有健胃的功效，煲肉汤时放姜片一起炖，汤更香。

浓汤驴肉煲

主 料 驴肉300克，驴骨头200克

配 料 香葱2棵，生姜1块，蒜头10粒，香油2小匙，料酒1大匙，胡椒粉2小匙，精盐1小匙，味精0.5小匙，大料适量

·操作步骤·

① 驴肉和驴骨头用清水洗净；香葱洗净打结；生姜洗净拍松。

② 将蒜粒用油爆至金黄，和驴肉、驴骨头放入大锅中加香葱结、生姜、大料同煮，驴肉至肉烂时捞出，切片。

③ 待汤汁呈乳白时，再放入驴肉片烧开，加精盐、味精、胡椒粉、料酒、香油即可。

·营养贴士· 驴肉具有恢复体力、安神养血等功效。

理气牛肉汤

主 料 牛腿腱肉500克

配 料 精盐、枸杞、香菜段各适量

·操作步骤·

① 牛腿腱肉洗净，入沸水中焯一下，除去血沫，捞出切片；香菜洗净切段。

② 锅放清水煮沸，放入牛肉片，煮滚后文火煲1个小时。

③ 放入枸杞，旺火煮5分钟，加香菜段、精盐调味即可。

·营养贴士· 牛肉有补中益气、滋养脾胃、强健筋骨、化痰息风、止渴止涎的功能。

枸杞山药炖排骨

主 料 排骨 500 克，铁棍山药 2 段，胡萝卜 1 根

配 料 食盐、味精、枸杞各适量

操作步骤

准备所需主材料。

将山药和胡萝卜去皮，切成斜块备用。

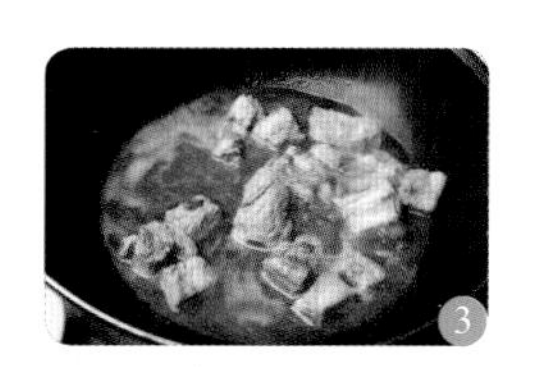

将排骨斩成块，备用。锅内放入适量水，放入排骨炖煮。

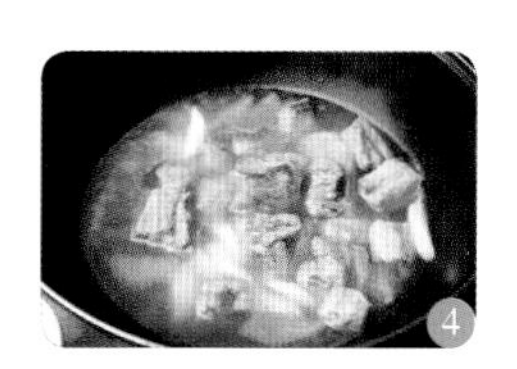

将胡萝卜与山药放进锅中继续炖煮，至熟后放入枸杞略煮，然后放入食盐、味精调味即可。

营养贴士：猪排骨除含蛋白质、脂肪、维生素外，还含有大量磷酸钙、骨胶原等，可为幼儿和老人提供钙质。

操作要领：排骨预先焯水可去除腥气，并能防止汤色混浊。

酸菜排骨汤

主 料 排骨 1000 克，粉丝、东北酸菜各适量

配 料 泡椒少许，葱段、姜块各 15 克，花椒、八角各 10 克，盐、味精、胡椒粉、鸡精、白醋各适量

·操作步骤·

① 将排骨剁成寸段，用凉水泡 30 分钟，再焯一遍，待用；东北酸菜切丝，用清水洗 3 遍，挤干水分待用。

② 锅里下入清水，将排骨及所有配料下入锅内炖 20 分钟，下入酸菜再煮 20 分钟即可。

·营养贴士· 此汤具有壮腰膝、益力气、补虚弱、强筋骨等功效。

黄豆排骨汤

主 料 排骨 500 克，黄豆 100 克，芥菜根少许

配 料 姜、葱、盐各适量

·操作步骤·

① 黄豆洗净，放入凉水中浸泡约 1 个小时；芥菜根洗净切片；姜切片；葱切段。

② 排骨洗净剁成小块，放入沸水中焯一下。

③ 锅中倒入清水，大火煮沸，倒入排骨、姜片、葱段、黄豆、芥菜根，继续煮 20 分钟，然后转小火煮 30 分钟，加盐调味，拣去大葱即可。

·营养贴士· 此汤具有补充钙质、防止血管硬化、预防老年痴呆等功效。

花菇竹笋
排骨汤

主 料 排骨500克，竹笋300克，花菇10朵

配 料 精盐3克，葱花少许

·操作步骤·

① 排骨洗净沥干水分后，放入沸水中汆烫约3分钟再捞起，冲洗干净备用；竹笋洗净，剥去外壳，再削除纤维较粗的部分，切块；花菇洗净，泡入冷水中3个小时后，再捞起切十字花刀备用。

② 汤锅中倒入水，放入排骨、竹笋块和花菇，以大火煮至滚沸后，盖上锅盖并改转小火焖煮约40分钟。

③ 快出锅时放入葱花、精盐，拌匀调味即可。

·营养贴士· 此菜具有补钙、降低胆固醇、保护心血管、清热化痰、益气和胃等功效。

·操作要领· 排骨要先用沸水烫一下，可以有效清除其血污。

凉瓜咸菜排骨汤

主 料 排骨450克，咸酸菜1包，凉瓜2根

配 料 鱼露、植物油各适量

·操作步骤·

① 排骨洗净；咸酸菜洗净，切丝；凉瓜去瓤，切条。

② 锅中添水，煮沸后倒入排骨焯一下，然后用凉水冲干净备用。

③ 净锅置火上，倒入植物油烧热，下凉瓜翻炒，再加入咸酸菜丝、排骨略炒，添入清水，以大火煮沸，再等5分钟转中火焖煮，煮熟后加些鱼露调味即成。

·营养贴士· 凉瓜味苦、性寒，有消热消暑、滋肝明目、解毒、利尿等功效。

青菜肉骨煲

主 料 肉骨头1000克，菜心300克

配 料 生姜50克，料酒、盐、鸡精各适量

·操作步骤·

① 先将肉骨头浸泡1个小时，去除血水，洗净；菜心择去老叶，切成长段；生姜切片。

② 用高压锅烧水至水沸后，放入肉骨头煮，及时去除浮沫，然后加入少量料酒、姜片、盐，中火煮30分钟。

③ 将煮好的肉骨头放入砂锅中，加入姜片炖60分钟，再放入切好的菜心烧煮片刻，加入适量的盐、鸡精调味，拣出生姜即可。

·营养贴士· 儿童经常喝骨头汤，能及时补充人体所必需的骨胶原等物质，增强骨髓造血功能，有助于骨骼的生长发育。

芋头排骨汤

主 料 排骨300克，芋头200克，宽粉皮适量

配 料 葱、姜各20克，香菜梗末5克，鸡精8克，米酒5克，盐、胡椒粉各3克

·操作步骤·

① 将排骨洗净，斩成段；芋头去皮，洗净切块；葱洗净切段；姜切片。

② 锅中添水，煮沸后倒入米酒，下排骨焯一下。

③ 净锅添水，加入葱段、姜片、排骨，炖至七成熟时倒入芋头和宽粉皮，炖烂后加盐、鸡精、胡椒粉调味，撒上香菜梗末即可。

·营养贴士· 芋头富含蛋白质、钙、磷、铁、钾、镁、钠、胡萝卜素、烟酸、维生素C等多种成分，具有增强免疫力、解毒防癌等功效。

·操作要领· 炖排骨时用小火焖煮15分钟左右即可。

养生羊排煲

主料 羊排、丝瓜、冬笋、山药、胡萝卜各适量

配料 植物油、葱末、姜片、老抽、八角、花椒水、料酒、盐各若干，红尖椒少许

·操作步骤·

① 丝瓜、冬笋、山药、胡萝卜分别洗净切块；红尖椒洗净切圈；羊排洗净切块，放入沸水锅中焯一下。

② 锅中倒入植物油，油热后下羊排翻炒，加葱末、姜片、老抽、八角、花椒水、料酒。

③ 锅中添入热水炖煮，待羊排炖至九成熟时加丝瓜、冬笋、山药、胡萝卜，加盐调味，炖熟撒上红尖椒圈即可。

·营养贴士· 此汤具有补血温经、润肤美白、活血通络、止血凉血、滋肾益精、利膈宽肠等功效。

花生仁蹄花汤

主料 猪蹄1000克，花生米100克，葡萄干20克

配料 料酒、精盐、味精、胡椒粉各适量

·操作步骤·

① 花生米洗净，用清水泡胀；猪蹄剁块洗净，放进加了料酒的清水锅里煮至出浮沫，捞出洗净，沥干备用。

② 锅中加入清水，放入猪蹄；大火烧开后，加精盐，转小火加盖煮30分钟；放入葡萄干、泡涨的花生米，继续煮2个小时，放入胡椒粉和味精即可。

·营养贴士· 此菜有温和血脉、润肌肤、填肾精、健腰腿的作用。

牛骨汤

主料 牛骨500克，洋葱、山药、花椰菜、胡萝卜各少许

配料 植物油、精盐、味精、醋、花椒、姜片、葱花、红油各适量

·操作步骤·

① 牛骨斩成大块，洗净，放入沸水锅中焯一下，然后捞出，用冷水洗净备用；胡萝卜去皮，洗净切块；洋葱剥皮，洗净切片；山药去皮，洗净切条；花椰菜洗净，撕成小朵。

② 净锅添水，放入牛骨、花椒、姜片炖煮，待汤汁浓白黏稠时，调入精盐。

③ 净锅倒入植物油，烧热后下洋葱翻炒，然后倒入煮好的牛骨汤，大火烧沸后加入胡萝卜、山药、花椰菜，待煮熟加精盐、味精、醋调味，撒上葱花，淋入红油即成。

·营养贴士· 牛骨主治截疟、敛疮、主治关节炎、泻痢、疟疾、疳疮等症，有美容、补钙等功效。

·操作要领· 牛骨要煮得久一些，以将营养充分熬出来。

黄豆芽炖猪蹄

主 料 鲜猪蹄 300 克，黄豆芽 100 克，细粉适量

配 料 姜、葱、八角、糖、精盐、酱油、油、料酒各适量

·操作步骤·

① 黄豆芽提前浸泡半天；猪蹄切块，焯水后洗净；细粉浸泡；姜切片，葱切末。

② 锅内下油，待油热时下姜、葱、八角爆香，倒入猪蹄爆炒，然后加酱油、料酒调味。

③ 加水没过猪蹄，大火烧开，然后转小火炖 20 分钟。

④ 加入黄豆芽、细粉大火烧开，加些糖、精盐，然后小火慢慢炖煮，直到猪蹄煮烂，捞出葱、姜、八角即成。

·营养贴士· 此汤具有美容、改善冠心病、补血等功效。

淡菜煲猪蹄

主 料 猪蹄 2 个，淡菜 30 克，笋丁 50 克，黄豆适量

配 料 生姜末、黄酒、精盐、味精、五香粉、香油各适量

·操作步骤·

① 淡菜洗净，放入开水中浸泡片刻，涨发后捞出；笋干放入温水中泡发，然后切成薄片备用。

② 猪蹄放入开水中焯透，捞出后去毛。

③ 锅中倒入适量清水，放入猪蹄，沸腾后撇去浮沫，烹入黄酒，再倒入淡菜、笋干片、黄豆、生姜末，以小火煨煲约 90 分钟，猪蹄熟烂后加入香油、精盐、味精、五香粉调味即可。

·营养贴士· 淡菜具有补肝肾、益精血、消瘿瘤等功效。

辣白菜

排骨汤

主 料 排骨、带汤辣白菜各适量，土豆、平菇各若干

配 料 盐、葱段、姜片、八角各适量，香菜少许

·操作步骤·

① 排骨洗净切块；辣白菜捞出，切成小块，留汤备用；香菜洗净；土豆去皮，洗净切滚刀块；平菇洗净。

② 锅置火上，倒入清水，加入排骨、姜片同煮，煮沸后撇去浮沫，捞出排骨。

③ 锅中倒水，加入姜片、葱段、八角，以中火煮 15 分钟，然后倒入辣白菜汤汁，放入排骨同煮，加盐调味。

④ 15 分钟后倒入土豆和平菇，煮熟后再倒入辣白菜略煮，出锅前拣出八角、姜片，撒香菜即可。

·营养贴士· 此汤具有补充钙质、养胃生津、除烦解渴、利尿通便等功效。

·操作要领· 煮排骨时应凉水下锅，这样可以煮出排骨中的血水。

酒香肉骨头

主 料 猪蹄1个，排骨适量

配 料 葱花、八角、姜片、桂皮、小茴香、料酒、酱油、白糖、盐各适量

·操作步骤·

① 猪蹄洗净剁成小块；排骨洗净。

② 锅中添水，下姜片煮沸，放入猪蹄、排骨烫一下，然后捞出放入电压力锅中，添入清水，加八角、姜片、桂皮、小茴香、料酒、酱油、白糖、盐，炖15分钟，关火后盛出，撒上葱花即成。

·营养贴士· 猪蹄具有美容、抗衰老、促进生长、改善冠心病、补血、通乳等功效。

番茄牛尾汤

主 料 牛尾1根，番茄3个

配 料 精盐、葱花、姜片、料酒、大葱段、香叶各适量

·操作步骤·

① 牛尾斩段洗净后倒入清水，浸泡1个小时，再下入锅中加料酒、姜片焯水，去除牛尾的腥味和血水。

② 将牛尾和水（水要多些，一次加够）以及香叶、大葱段和姜片一起放入砂锅中，大火烧开，转中小火炖2个小时。

③ 番茄切块，放入正在煮的汤内，放精盐小火再煲1个小时，起锅撒上葱花即成。

·营养贴士· 牛尾性味甘平，富含胶质、多筋骨少膏脂，能益血气、补精髓、强体魄、滋容颜。

桂枝羊肉煲

主 料 羊排 100 克

配 料 桂枝 10 克，香菜、木耳、红枣各少许，姜、葱、蒜、料酒、植物油、八角、花椒、酱油、盐、味精各适量

·操作步骤·

① 桂枝切段；木耳泡发撕片；姜切块；蒜切片；红枣、香菜分别洗净；葱切段。

② 羊排切块，锅中添水，下入葱段、姜块，大火煮沸后倒入羊排，加料酒，待羊肉焯至变色捞出，用凉水冲一下，控干水分备用。

③ 锅置火上，倒入植物油烧热，八成热时下姜块、蒜片爆香，倒入羊排翻炒，加酱油、盐、味精调味，炒至羊肉全部上色后盛出备用。

④ 取砂锅，倒入植物油烧热，下姜块爆香，倒入羊肉、清水，以大火煮沸，加桂枝、红枣、木耳、八角、花椒，转小火慢炖 90 分钟，出锅前撒少许香菜即可。

·营养贴士· 羊肉味甘而不腻，性温而不燥，具有补肾壮阳、暖中祛寒、温补气血、开胃健脾等功效。

·操作要领· 羊肉第一次翻炒时间不宜过久，炒至变色即出锅。

香草牛尾汤

主 料 牛尾400克，洋葱80克，胡萝卜60克

配 料 香葱6克，香菜20克，红油20克，辣椒油15克，精盐3克，料酒5克

·操作步骤·

① 洋葱洗净切片；胡萝卜洗净切丁；香葱、香菜洗净切段；牛尾剁成段，用清水泡7个小时，洗净入锅，加入料酒、清水，煮5分钟。

② 盛出牛尾，用温水冲洗干净，倒入汤锅；锅内加入开水，以小火炖3个小时。

③ 3个小时后加入红油、辣椒油、精盐，倒入洋葱、胡萝卜，继续炖1个小时，食用前撒入香葱、香菜即可。

·营养贴士· 此汤具有益血气、补精髓、强体魄、滋容颜、延缓衰老、增强抵抗力等功效。

滋补鞭汤

主 料 净牛鞭300克

配 料 姜3片，精盐1小匙，味精1/2小匙，老汤2杯，植物油、枸杞子、香菜各少许

·操作步骤·

① 将牛鞭洗净，切一字连刀，再剁成段，入沸水锅中焯水；枸杞子用热水泡开备用；香菜洗净切段。

② 锅中添入老汤，放入牛鞭、枸杞子、姜片烧开，撇去浮沫，再加入精盐、味精煮18分钟，然后淋入明油，盛入碗中，撒入香菜段即可。

·营养贴士· 此汤具有补肾壮阳、益精补髓等功效。

XO 酱牛尾汤

主 料 牛尾2段，胡萝卜、西红柿各50克，咸菜丝适量

配 料 XO酱、洋葱、葱花、食用油、食盐各适量

·操作步骤·

① 牛尾洗净擦干水，刷一层食用油烤至棕色；胡萝卜切丁；西红柿、洋葱切块。

② 把烤好的牛尾放入汤锅，加入一汤盆半的热水，水沸之后改中小火炖20分左右至酥烂。

③ 另起锅加入少许油，将番茄炒至红亮，把胡萝卜丁、洋葱块倒入同炒断生，加入番茄酱和XO酱及食盐调味。

④ 倒入汤锅中，煮沸之后改小火熬至其蔬菜酥烂、汤汁变浓，调好味道撒上葱花，放点咸菜丝即可食用。

·营养贴士· 牛尾营养丰富，含有大量维生素B_1、维生素B_2、维生素B_{12}、烟酸、叶酸等，具有补气养血、强筋骨等功效。

·操作要领· 番茄红素不溶于水，但是溶于油，而且紧密地结合在植物纤维里，所以烹煮、打碎番茄和加入油脂，可以大大提高消化系统吸收番茄红素的能力。

海马羊肉煲

主 料 羊腿1只，海马20克

配 料 姜、盐各适量，北芪适量，红枣、胡萝卜各少许

·操作步骤·

① 羊腿洗净剁块；红枣、海马洗净备用；胡萝卜去皮，洗净切丁；姜切片。

② 羊腿放入沸水中烫去血水，然后用冷水冲洗干净。

③ 锅中添水，以大火煮沸后倒入羊腿、海马、红枣、胡萝卜、北芪、姜片，加盐调味，然后转小火煲煮约150分钟即成。

·营养贴士· 此煲具有强身健体、补肾壮阳、舒筋活络、消炎止痛、镇静安神、止咳平喘等功效。

生地羊肾汤

主 料 羊肾500克，白萝卜100克

配 料 植物油、姜片、精盐、枸杞、生地黄各适量

·操作步骤·

① 将羊肾洗净，从中间切为两半，除去白色脂膜，再次冲洗干净，切成薄片；白萝卜洗净切块；生地黄、枸杞用清水冲洗干净。

② 锅中放植物油烧热，将姜片和羊肾片一起放入翻炒片刻，然后注入适量清水，放入枸杞、生地黄和白萝卜，加精盐调味，烧开后改小火，将羊肾炖至熟烂即可。

·营养贴士· 此汤具有生精益血、壮阳补肾等功效。

豆腐炖羊头

主 料 熟羊头肉 300 克，豆腐 1 块

配 料 香菜 1 棵，辣椒面、食用油、食盐、味精各适量

1 准备所需主材料。

2 将羊头肉切成适口小块。

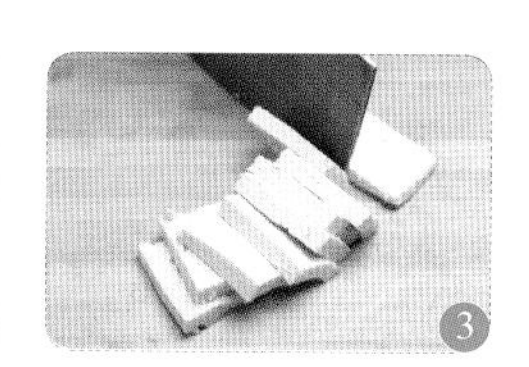

3 将豆腐切成片，将香菜切末。

4 锅内放入食用油，油热后放入羊头肉翻炒片刻，锅中放入适量水，将豆腐放入锅中，再放入辣椒面后进行炖煮。至熟后加入食盐、味精调味，出锅前撒入香菜末即可。

营养贴士：本汤营养丰富，对肺结核、气管炎、哮喘、贫血、产后气血两虚、营养不良、腰膝酸软、阳痿早泄以及一切虚寒病症均有很大裨益。

操作要领：盐一定要后放，以防肉质变柴变紧。

黄花煲猪肚

主料 猪肚100克，黄花菜200克，香菇少许

配料 植物油、盐、老酒、白糖各适量，香菜少许

·操作步骤·

① 猪肚洗净切条，入沸水锅中焯一下；香菇、黄花菜分别泡发备用；香菜洗净。

② 锅置火上，烧热后倒植物油，油热后倒入猪肚、香菇，加盐、老酒、白糖调味，炒匀后转至高压锅，添入清水、黄花菜，盖锅盖焖煮，熟后放香菜点缀即可。

·营养贴士· 此汤具有健脾胃、补气、补虚、健脑、抗衰老、肌肤美容、降血压、防治肠道癌等功效。

桃仁板栗猪腰汤

主料 猪腰1个，猪瘦肉100克，板栗300克，核桃仁50克

配料 姜片10克，盐5克，枸杞子适量

·操作步骤·

① 板栗去壳、去皮，切片；猪腰切成两半，撕去白膜，切花刀，在开水锅中煮半分钟后捞出。

② 猪瘦肉切成大块，同样放入开水中，煮半分钟后捞出，洗去血水。

③ 在锅中加入足量的水，水开后放入猪腰、猪瘦肉、板栗、核桃仁、枸杞子、姜片，大火煮20分钟，再转小火煮150分钟，出锅前放盐调味即可。

·营养贴士· 板栗含有大量蛋白质、脂肪、B族维生素等多种营养素，能防治高血压病、冠心病等。

油豆腐粉丝

牛腩汤

主料 牛腩500克、油豆腐150克、粉丝1把

配料 葱花、姜片、花椒、香叶、香菜梗、蒜苗、盐、胡椒粉各适量

·操作步骤·

① 牛腩先放入滚水中汆烫去血水，取出备用。

② 将汆烫过的牛腩及姜片、葱花、花椒、香叶放入清水，炖煮约1个小时。

③ 油豆腐对半切开；粉丝用开水泡软；香菜梗、蒜苗切段。

④ 另取一锅放入一部分牛肉和牛肉原汤，加入油豆腐和粉丝煮开，加盐和胡椒粉调味，最后撒上香菜段、蒜苗段即可出锅。

·营养贴士· 本汤富含优质蛋白、多种氨基酸及钙、铁等，可以强身健体，补充每天所需要的铁质。

·营养贴士· 粉丝入汤后容易涨大而吸干汤汁，所以要最晚放入；而食用时先挑出粉丝，汤汁才不会减少。

菠菜猪肝汤

主料 猪肝180克，菠菜100克

配料 花生油15克，生姜10克，盐5克，味精2克，白糖1克，枸杞5克，胡椒粉、湿生粉各少许，清汤适量

·操作步骤·

① 猪肝切薄片，加湿生粉腌好；菠菜洗净备用；生姜去皮切丝。

② 烧锅下花生油，待油热时，放入姜丝爆香，注入清汤，用中火烧开，下入猪肝。

③ 待猪肝熟透时，投入菠菜、枸杞，调入盐、味精、白糖、胡椒粉，用大火滚30分钟即可。

·营养贴士· 此汤具有补肝、明目、养血、增强免疫力、增强抗病能力等功效。

党琥猪心煲

主料 猪心300克，党参、黑木耳各10克，枸杞8克

配料 清汤500克，黄酒25克，琥珀粉5克，精盐3克

·操作步骤·

① 猪心洗净，切成两半，入沸水烫透，切成小块；黑木耳泡发，撕成小朵；枸杞洗净。

② 砂锅内放清汤、黄酒、猪心，烧开后撇去浮沫，加入黑木耳、枸杞、党参、琥珀粉，小火炖2个小时，用精盐调味即成。

·营养贴士· 猪心性平，味甘咸；具有补虚、安神定惊、养心补血等功效。

酸菜炖猪肚

主 料 猪肚 100 克，酸菜 50 克，红灯笼椒 1 个

配 料 姜片、植物油、料酒、精盐、味精、胡椒粉各适量，香菜少许

·操作步骤·

① 猪肚处理干净后切块；酸菜洗净，沥干水分，切丝备用；红灯笼椒洗净备用；香菜洗净切段备用。

② 锅置火上，倒入植物油，烧至五成热时下姜片爆香，烹入料酒，添入清水煮沸，然后拣出姜片，把汤汁移至汤锅，倒入猪肚，煮沸后撇去浮沫。

③ 猪肚煮至八成熟时，加入酸菜、红灯笼椒，以中火炖煮，最后加入精盐、味精、胡椒粉略煮，撒上香菜即成。

·营养贴士· 猪肚味甘、性微温，归脾、胃经，能补虚损、健脾胃，用于虚劳羸弱、泻泄、下痢、消渴、小便频数、小儿疳积等症。

·营养贴士· 猪肚一定要处理干净，否则会有异味。

大肠猪红煲

主 料 猪血块 600 克，猪大肠 300 克

配 料 葱、蒜苗、植物油、鸡粉、胡椒粉、沙茶酱、精盐、高汤各适量

·操作步骤·

① 猪血块洗净备用；葱斜切成段备用；蒜苗切段备用；猪大肠洗净后用热水煮至微烂，切段备用。

② 锅中加水煮沸后立即关火，加入植物油和猪血块，浸泡 10 分钟放凉备用。

③ 取一深锅，放入葱、蒜苗、高汤、精盐、鸡粉煮沸，再放入猪血块、猪大肠和胡椒粉、沙茶酱同煮，大肠和猪血块煮熟后即成。

·营养贴士· 猪血味咸、性平，有理血祛瘀、止血、利大肠的功效。

白果猪肚煲

主 料 猪肚 600 克，白果（鲜）50 克，红椒 30 克

配 料 姜片 5 克，盐 5 克，黑胡椒粉、鸡汤、香菜各适量

·操作步骤·

① 猪肚洗净，切成块，放入开水中焯一下；白果剥去外壳洗净；红椒切成圈状；香菜洗净，切成段。

② 焯好的猪肚块及白果、姜片放入煲内，倒入适量的黑胡椒粉，加入鸡汤烧沸，撇去浮沫，盖好盖，用小火煲 3 个小时左右，至猪肚熟烂时，放入红椒，加盐调味，撒上香菜即成。

·营养贴士· 猪肚含有维生素及钙、磷、铁等，具有补虚损、健脾胃的功效。

豆芽腰片汤

主 料 猪腰 150 克，豆芽 50 克

配 料 酱油 15 克，熟猪油、料酒各 10 克，盐、胡椒粉各 3 克，姜 2 片，味精 2 克，鲜汤适量，枸杞少许

·操作步骤·

① 豆芽洗净备用；猪腰去皮切两半，将腰臊切掉，然后再切成大薄片，加入姜片、料酒拌匀，倒水浸泡片刻。

② 坐锅点火，倒入鲜汤烧开，加入盐、胡椒粉、酱油调味，再次煮沸后倒入腰片（包括泡腰片的水），用筷子反复搅动腰片，焯熟后捞出姜片。

③ 继续烧煮腰片汤，撇去浮沫，直至汤色澄清，然后倒入豆芽、枸杞，熟后加入味精，淋入熟猪油即成。

·营养贴士· 猪腰子味甘咸、性平，入肾经，有补肾、强腰、益气的作用。

·操作要领· 腰片汤的浮沫一定要撇干净，以保证汤汁纯清。

笋片大麦羊肚汤

主 料 羊肚、鲜笋各200克，大麦100克

配 料 姜10克，香葱5克，鸡油50克，精盐3克，味精2克，白纱布1块

·操作步骤·

① 将羊肚反复擦洗干净，切成长条状；鲜笋洗净切片；大麦淘洗干净，用白纱布包裹起来；姜洗净切丁；香葱洗净切末。

② 在炖盅里加入沸水，放入羊肚、姜、包裹的大麦，加盖炖煮。

③ 锅内水开后，先用中火炖1个小时，然后加入笋片，用小火炖2个小时即可。

④ 炖好后，取出大麦渣；加入鸡油、精盐、味精、香葱调匀即可。

·营养贴士· 此菜有补气强精、益肾养肺等功效。

肥肠白菜辣汤

主 料 肥肠200克，白菜100克，青蒜50克

配 料 精盐、味精、胡椒粉、料酒、酱油、辣椒酱、植物油、姜、蒜各适量

·操作步骤·

① 青蒜洗净切段；白菜洗净切片；姜切末；蒜切末；肥肠反复搓洗干净后放入锅中煮熟，然后捞出洗净切块。

② 锅置火上，倒植物油烧热，下姜末、蒜末、辣椒酱爆香，烹入料酒、酱油，然后添入开水。

③ 待煮沸后倒入肥肠、白菜、青蒜、精盐、味精、胡椒粉，煮熟即成。

·营养贴士· 猪大肠有润燥、补虚、止渴、止血的功效，可用于治疗虚弱口渴、脱肛、痔疮、便血、便秘等症。

Chapter 5 禽肉香汤

小鸡蛤蜊汤

主 料 小公鸡1只，花蛤蜊300克，豆芽少许

配 料 姜、蒜、八角各少许，植物油、料酒、生抽、白糖、精盐各适量

·操作步骤·

① 小公鸡处理干净，剁成小块；豆芽洗净；姜、蒜切末；花蛤蜊放入淡盐水中浸泡，待吐净泥沙，控干水分。

② 锅中倒植物油，烧热后下姜末、蒜末、八角爆香，倒入鸡块翻炒1分钟，烹入料酒、生抽，加白糖，继续翻炒1分钟。

③ 倒入清水，以大火煮沸，然后转中火焖煮，加精盐调味，最后加入花蛤蜊，待花蛤蜊张口时放入豆芽，略煮即可出锅。

·营养贴士· 蛤蜊是一种低热能、高蛋白的理想减肥食品，此外，蛤蜊还具有滋阴润燥、利尿消肿的作用，很适合女性。

清炖桂圆鸡

主 料 鸡1只（约1200克），桂圆肉25克

配 料 大葱5克，姜4克，料酒3克，盐4克

·操作步骤·

① 将鸡宰杀，去毛去内脏洗净，放入沸水锅汆一下，捞出备用；大葱洗净切段备用。

② 将炖锅内放入鸡、桂圆肉、葱、姜、料酒及适量清水，用小火炖至熟烂，加入盐调味即可食用。

·营养贴士· 本汤有养血益颜、补虚养身的功效，可以调理失眠、健忘，气血双补。

香菇鸡汤

主 料 鸡1只，香菇适量

配 料 姜1块，大葱1棵，卤包1包，酱油15克，冰糖10克，酒、香油各8克，八角少许

·操作步骤·

① 香菇洗净；鸡处理干净，放入沸水锅中煮一下，沥干水分，切块备用；姜切片；大葱切段。

② 将鸡块、香菇放入砂锅中，加卤包、酱油、酒、姜片、八角、冰糖、香油，以大火煮沸，转中火炖煮约20分钟，再转小火。

③ 加入大葱段，焖煮约10分钟，最后拣出大葱、八角、姜片即成。

·营养贴士· 鸡肉有益五脏、补虚亏、健脾胃、强筋骨等功效，可益气、补精、添髓。

·操作要领· 煲鸡汤时，先将鸡在开水里煮一下，俗称“飞水”，这样不仅可以去掉生腥味，也是一个彻底清洁的过程，还能使成汤清亮不混浊、鲜香无异味。

山药胡萝卜鸡汤

主料 山药、胡萝卜各50克，鸡肉200克

配料 精盐、料酒、鸡精、香菜、白萝卜丝各适量

·操作步骤·

① 将鸡肉洗净剁块，放入沸水锅中焯一下，捞出；山药、胡萝卜分别去皮洗净，切成滚刀块。

② 锅置火上，倒入水烧开，放入鸡肉、料酒煮开，煮至鸡肉半熟，下入山药、胡萝卜，煮至熟烂。

③ 最后，加精盐、鸡精调味，放上白萝卜丝、香菜叶做装饰即可。

·营养贴士· 鸡肉味甘、性微温，能温中补脾、益气养血、补肾益精。

桃鸡煲

主料 鸡700克，水蜜桃5个，洋葱、番茄、胡萝卜片各少许

配料 生粉10克，精盐、糖各5克，姜汁8克，喼汁、茄汁、胡椒粉水、胡椒粉、植物油各适量

·操作步骤·

① 洋葱去皮，洗净切片；番茄洗净切块；水蜜桃切块；鸡处理干净，切成小块，放入精盐、糖、姜汁、生粉、胡椒粉水腌约35分钟，然后沥干。

② 锅中倒植物油，油热后下鸡块煎炸，炸至微黄色时捞起，沥干油。

③ 净锅倒植物油，下洋葱、番茄翻炒，加精盐、糖、胡椒粉、茄汁、喼汁、生粉、清水，煮沸后加入水蜜桃块、鸡块、胡萝卜片，煮熟即成。

·营养贴士· 鸡肉对营养不良、畏寒怕冷、乏力疲劳等有一定食疗作用。

椰奶香芋鸡煲

主料 鸡1只，香芋1个

配料 椰奶、蒜、料酒、食用油、食盐、味精各适量

操作步骤

准备所需主材料。

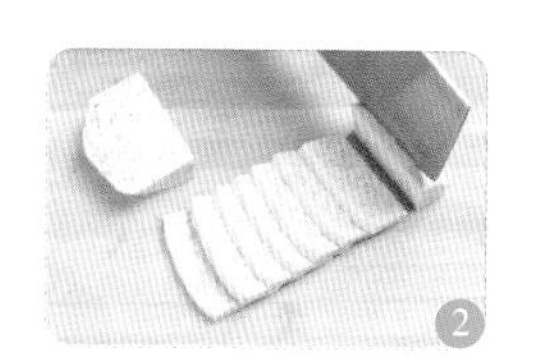

将香芋去皮后切成片。

将蒜切成末；鸡切成适口小块，放入料酒腌渍30分钟。

锅内放入食用油，油热后放入蒜末爆香，放入鸡肉翻炒片刻，加入适量水，放入香芋熬煮。食材快熟时，放入椰奶，至熟后放入食盐、味精调味即可。

营养贴士：鲜香芋中的蛋白质含量为山药的2.1倍，还具有散积理气、解毒补脾、清热镇咳之药效。

操作要领：熬煮鸡块的时候一定要用小火，否则容易使鸡肉变老。

养身盖骨童子鸡

主 料 童子鸡1只

配 料 大葱1棵，姜1块，鲜汤500克，黄酒15克，香菜1根，精盐、味精各适量，蚕豆、枸杞、小红枣各少许

·操作步骤·

① 蚕豆、枸杞、小红枣、大葱、姜分别洗净，大葱切段，姜切片；童子鸡处理干净，去除绒毛，敲断腿骨，用刀背在鸡背脊骨上斩几刀，使鸡身平伏，然后飞水。

② 鸡放入品锅，加入蚕豆、枸杞、小红枣、大葱、姜片、鲜汤、黄酒、精盐、味精，盖锅盖蒸2个小时。

③ 最后拣去大葱、姜片，放入1根香菜即成。

·营养贴士· 童子鸡的肉含蛋白质较多，弹性结缔组织极少，容易被人体的消化器官吸收。

竹笙鸡汤

主 料 鸡1只，菜心15克，竹笙80克，花旗参20克

配 料 精盐4克，高汤适量，红枣少许

·操作步骤·

① 将鸡去内脏洗净，放沸水中煮10分钟取出，用清水洗净；红枣去核；菜心去花，留下嫩茎洗净。

② 锅中放高汤煮沸，下入整鸡、花旗参、红枣，大火煮沸后转用慢火煮2个小时，下竹笙续煮30分钟，再加入菜心茎煮沸，最后下精盐调味即成。

·营养贴士· 此汤有降血压及降胆固醇的食疗作用。

菜心虾仁

鸡片汤

主 料 鸡肉、虾仁各200克，油菜心350克

配 料 精盐3克，味精2克，料酒10克，淀粉10克，花生油50克，高汤900克

·操作步骤·

① 将高汤煮沸，加入精盐、味精；将虾仁洗净，沥干水，放在碗内；鸡肉洗净切片，与虾仁放一起，加入精盐、淀粉拌匀；油菜心洗净备用。

② 将炒锅内倒入花生油，烧至七成热时，放入鸡肉、虾仁炒散，加入料酒和味精，炒熟即可。

③ 另取一炒锅倒入花生油，烧至八成热时，放入油菜心烧至颜色变深，放入精盐、味精炒匀，即可出锅。

④ 将油菜心倒入鸡肉和虾仁中，注入高汤，烧沸即可食用。

·营养贴士· 此汤有补肾助阳之功效，并且对阳痿、遗精、滑泄、尿频等症有一定的辅助食疗作用。

·操作要领· 选用鲜虾仁，汤的味道会更加鲜美。

青瓜鸡片汤

主料 鸡胸脯肉 250 克，玉兰片 75 克，黄瓜 50 克，鸡蛋清 25 克

配料 白醋、香油、姜汁各 5 克，料酒 10 克，香菜 10 克，胡椒粉 5 克，淀粉（玉米）、精盐各 3 克

·操作步骤·

① 将鸡胸脯肉、玉兰片、黄瓜分别洗净，鸡胸脯肉和黄瓜分别切成薄片；香菜择洗干净，切段；肉片用水淀粉抓匀备用。

② 坐锅点火，加入适量清水、精盐、料酒、姜汁，待汤将开时，放入肉片、玉兰片，汤开后，将肉片和玉兰片捞出放入碗内。

③ 将汤内浮沫撇去，放入胡椒粉、黄瓜片、醋和香菜段，淋上香油，起锅浇在汤碗内的肉片和玉兰片上即成。

·营养贴士· 本汤具有定喘消痰、开胃消食之功效。

扣三丝汤

主料 鸡肉 200 克，香菇 2 个，火腿 2 片，冬笋 50 克

配料 姜片、葱段、葱花、酒、上汤各适量

·操作步骤·

① 鸡肉洗净，加入姜片、葱段、酒拌匀，隔水蒸熟，然后切细丝；火腿洗净切丝；冬笋去根与外皮，洗净切丝；香菇浸软去蒂。

② 香菇重叠铺于碗底，将鸡丝、火腿丝、冬笋丝整齐排于碗底，倒入部分上汤，然后隔水蒸 30 分钟。

③ 将蒸好的汤汁倒出备用，剩余食材倒入深盘中。

④ 倒出的汤汁加入剩余的上汤，入锅煮沸，最后倒入深盘中，撒上葱花即可。

·营养贴士· 此汤营养丰富，具有补虚养身、健脾开胃的功效。

土鸡冬瓜汤

主 料 土鸡1只，冬瓜200克，鲜玉米棒1个

配 料 高汤、枸杞、食盐、味精各适量

·操作步骤·

① 准备所需主材料。

② 将冬瓜切成小条；将鲜玉米棒切成段；将土鸡切成适口小块，用水焯一下。

③ 将鸡块放入锅内，加入适量的高汤炖煮10分钟，接着放入鲜玉米段炖煮10分钟，最后再放入冬瓜和枸杞炖煮5分钟，加入食盐和味精调味即可。

·营养贴士· 冬瓜富含水分、维生素B、维生素B_2、维生素C、膳食纤维、蛋白质、胡萝卜素等，是高钾低钠的食物，具有很高的营养价值和食疗保健作用。

·操作要领· 鸡块焯水后要加入热的高汤，因为焯制过程肉是热的，加冷汤会使肉质变紧，影响口感。

猴头菇三黄鸡煲

主料 三黄鸡350克，猴头菇100克，枸杞少许

配料 姜10克，盐5克，鸡精3克，胡椒粉、陈皮各少许

·操作步骤·

① 三黄鸡洗净氽水；猴头菇洗净备用；枸杞、陈皮洗净；姜切片备用。

② 净锅上火，放入清水、三黄鸡、姜片、枸杞、陈皮、猴头菇，大火烧开转小火炖45分钟，放入盐、鸡精、胡椒粉调味即成。

·营养贴士· 此汤具有提高机体免疫力、延缓衰老、健胃消食之功效。

芦荟乌鸡汤

主料 乌鸡300克，芦荟200克，红枣、枸杞各少许

配料 老姜、大葱、精盐、料酒、胡椒粉、猪油、味精、鸡精、鲜汤各适量

·操作步骤·

① 乌鸡洗净，切块；红枣、枸杞洗净；老姜洗净切片；大葱洗净打成结。

② 锅中添水，煮沸后倒入芦荟焯一下，然后切块。

③ 锅中倒猪油，六成热时倒入鸡块煸干水分，加料酒、姜和葱结翻炒；再倒入鲜汤，加入芦荟、红枣、枸杞，用漏勺撇去浮沫，加料酒、精盐、胡椒粉，以小火慢炖。

④ 待鸡肉炖烂后，拣去姜片、葱结，加入味精、鸡精即可。

·营养贴士· 这道菜对防治骨质疏松、佝偻病、妇女缺铁性贫血等症有明显功效。

虫草人参炖乌鸡

主 料 乌鸡500克，冬虫夏草10克，人参、枸杞各5克

配 料 料酒、姜、味精、精盐各适量

·操作步骤·

① 将乌鸡收拾干净，切块；冬虫夏草放入温水中浸泡片刻；姜去皮切片。

② 砂锅置于火上，倒入2000克清水，加入料酒、姜片，煮沸后再倒入乌鸡、人参、冬虫夏草、枸杞同煮，煮开后改文火炖烂，加精盐、味精调味即可。

·营养贴士· 乌鸡具有滋阴清热、补肝益肾、健脾止泻等作用。

·操作要领· 乌鸡连骨（砸碎）熬汤滋补效果最佳。

海带乌鸡汤

主料 乌鸡1只，海带30克，木瓜1个

配料 料酒、食用油、食盐、味精各适量

·操作步骤·

① 准备所需主材料。

② 将乌鸡切成适口小块。

③ 将海带切片；木瓜去皮后切块。

④ 锅内放入食用油，油热后放入料酒、乌鸡块翻炒片刻。锅内放入适量水，再放入海带、木瓜一同炖煮，至熟后放入食盐、味精调味即可。

·营养贴士· 乌鸡中含有丰富的黑色素，入药后能起到使人体内的红细胞和血色素增生的作用，是滋补上品。

乌鸡炖乳鸽汤

主料 乌鸡、乳鸽各1只

配料 料酒10克，姜5克，盐3克，味精、胡椒粉各2克，香油15克

·操作步骤·

① 乌鸡、乳鸽宰杀后，分别去毛桩、内脏及爪，斩块待用；姜切片。

② 将乌鸡、乳鸽、姜、料酒同放炖锅内，加水3000克，置武火上烧沸，再用文火炖煮35分钟，加入盐、味精、胡椒粉、香油即成。

·营养贴士· 本汤具有补气养血、滋阴壮阳、美容养颜、延年益寿之功效。

花胶乌鸡汤

主 料 花胶 20 克，乌鸡半只，香菇适量

配 料 姜、枸杞各适量，料酒、盐各少许

·操作步骤·

① 花胶放在清水里泡 12 个小时，倒掉水；锅里放清水、姜片烧开，把发好的花胶放进去煮 20 分钟，捞起来，过冷水，洗干净。

② 香菇用温水泡发，乌鸡斩块洗干净，锅里放水，放姜片烧开，把乌鸡放进水里，待水再次沸腾的时候倒进料酒，再煮开，把乌鸡捞起来，再用冷水洗干净。

③ 把乌鸡、香菇、花胶和姜片放进砂锅里，“强档”炖 5 个小时，出锅前加入枸杞，放盐调味即可。

·营养贴士· 本汤营养丰富，而且是高蛋白、低脂肪，可以补充人体的胶原蛋白，还有补血、抗衰老的功效。

·操作要领· 花胶发好之后用姜水煮一下可以去除腥味，如果有葱也可以做成姜葱水，去腥效果更好。

参鸡汤

主 料 童子鸡1只，大枣、板栗各6颗，人参1根，糯米、枸杞各适量

配 料 姜1小块，蒜瓣4个，胡椒粉、椒盐和盐各少许

·操作步骤·

① 糯米提前一夜浸泡好。

② 童子鸡洗净，把鸡脚去掉，肚子掏空，将糯米、大枣（一半）、板栗、人参和蒜瓣一层层码入鸡腹中，并用线把鸡肚缝好，捆上两腿和鸡身。

③ 冷水下锅，放入姜片盖上盖子，大火炖开，小火炖40分钟。

④ 炖好后放盐和胡椒粉调味，再放另一半大枣、枸杞，炖好的鸡肉可蘸着椒盐吃。

·营养贴士· 本汤清爽鲜美，具有良好的补血、补气、养颜、安神、补充体力之功效。

滋补乌骨鸡

主 料 乌骨鸡800克，当归、南沙参、玉竹、枸杞各5克

配 料 姜10克，花雕酒、植物油各50克，精盐、上汤各适量

·操作步骤·

① 乌骨鸡洗净，斩件，放入沸水锅中焯水，然后捞出洗净，沥干水分；姜切片。

② 当归、南沙参、玉竹、枸杞放入大碗中，上笼蒸熟。

③ 锅置火上，倒植物油烧热，下姜片煸香，倒入上汤、蒸好的配料、花雕酒、乌骨鸡，用精盐调味，煮熟拣出姜片即成。

·营养贴士· 《本草纲目》认为乌骨鸡有补虚劳羸弱、制消渴、益产妇、治妇人崩中带下及一些虚损诸病的功用。

白果炖乌鸡

主 料 乌骨鸡 1 只（800 克），干白果 150 克

配 料 胡椒粉、料酒、味精、鸡油、盐、葱段、姜片各适量

·操作步骤·

① 将乌骨鸡宰杀，用开水烫过，煺净毛，打开裆部，去内脏、脚爪及气管，用清水反复冲洗干净；白果去壳，去皮，用牙签取出白果芯不用。

② 将乌骨鸡放入冷水锅里煮开，捞出洗净浮沫。原锅洗净上旺火，注入清水 1000 克，放乌骨鸡、葱段、姜片、料酒，沸后改小火，炖约 1 个小时，加白果，直至鸡肉烂熟时倒入一个大器皿里，调入盐、胡椒粉、味精，滴几滴鸡油即成。

·营养贴士· 本汤具有益气补血、止咳、化痰、利尿等功效。

·操作要领· 白果不宜过多，白果芯含氰甙等有毒物质，一定要去掉。

萝卜老鸭汤

主料 老鸭1只，白萝卜400克，豆芽、胡萝卜各少许

配料 姜、黄酒、精盐、鸡精、清汤各适量

·操作步骤·

① 老鸭洗净，择去杂毛，斩成大块，焯水捞出，洗去血沫沥干；白萝卜、胡萝卜分别洗净，切成块；豆芽洗净；姜洗净，用刀拍松备用。

② 砂锅内放入适量清汤，放入鸭块、姜、黄酒，大火烧开后改小火焖煮1个小时，放入白萝卜块、胡萝卜块、豆芽，再煮30分钟，最后放入适量的精盐和鸡精即可。

·营养贴士· 鸭肉中的脂肪酸主要是不饱和脂肪酸和低碳饱和脂肪酸，易于消化。

笋干老鸭煲

主料 老鸭半只（约700克），笋干250克，陈年火腿适量

配料 野山粽叶、煲鸭药料包、高汤、葱段、姜片、精盐、味精、黄酒、香菜各适量

·操作步骤·

① 老鸭洗干净，放入沸水锅焯去血污，挖掉鸭臊，洗净。

② 将野山粽叶、老鸭、笋干、火腿放入砂锅，加入葱段、姜片、黄酒、高汤、煲鸭药料包，用文火炖4~5个小时，拣去野山粽叶、葱段、姜片，用精盐、味精调好味，用香菜点缀即可。

·营养贴士· 本汤清火，不油腻，温补，营养好，具有滋阴降燥、缓解暑热的功效。

准备所需主材料。

将板栗剥好备用；鸭子切成小块；陈皮用水泡发；冬瓜切片备用。

将鸭块放入油锅内翻炒片刻，加入适量水，再放入冬瓜片、陈皮、枸杞、板栗，进行炖煮。至熟后，放入少许食盐、味精调味，撒上葱花即可。

板栗老鸭煲

主 料 老鸭 1 只，冬瓜 150 克，板栗、陈皮各少许

配 料 食用油、食盐、味精、枸杞、葱花各适量

营养贴士：板栗有养胃、健脾的功效，老鸭性偏凉，有滋五脏之阳、清虚劳之热、补血行水、养胃生津的功效。板栗与老鸭同炖，有益气补脾、补肾强筋、和胃润肺的功效。

操作要领：鸭块在炒前用水焯一下，这样可以去除鸭肉上的血污，煲出的汤口感更佳。

野鸭山药汤

主 料 野鸭1500克，山药250克

配 料 料酒10克，葱段10克，姜5片，精盐3克

·操作步骤·

① 山药去皮，洗净切块；野鸭去毛及内脏，洗净后放入锅内，加入适量清水煮熟，捞出待凉，去骨切块，原汤留用。

② 将山药与鸭肉一起倒入原汤内，加入料酒、姜片、葱段、精盐，继续煮沸，最后拣出葱段、姜片即可。

·营养贴士· 鸭肉中所含B族维生素和维生素E较其他肉类多，能有效抵抗脚气病、神经炎和多种炎症，还能抗衰老。

老鸭汤

主 料 老鸭1只，酸萝卜900克，腐竹适量

配 料 老姜1块，枸杞若干

·操作步骤·

① 将老鸭取出内脏后洗净，切块；酸萝卜用清水冲洗后切片；老姜拍烂待用。

② 将鸭块倒入干锅中翻炒，待水汽收住即可（不用另外加油）。

③ 水烧开后倒入炒好的鸭块、酸萝卜、腐竹，加入备好的老姜、枸杞，一起中小火熬2个小时左右，拣出老姜即可。

·营养贴士· 老鸭是暑天的清补佳品，有滋五脏之阳、清虚劳之热、补血行水、养胃生津的功效。

馄饨鸭

主料 鸭1只，猪夹心肉、白馄饨皮各适量

配料 葱结2根，姜2片，黄酒、酱油、精盐、白糖、味精、麻油各适量，香菜少许

·操作步骤·

① 香菜洗净切段；猪夹心肉去皮，洗净斩成蓉，加味精、白糖、酱油、麻油搅拌成馅，用白馄饨皮包好。

② 鸭子处理干净，放入沸水锅中烫一下，然后洗净备用。

③ 取砂锅，底部铺上竹垫，放入鸭子，加葱结、姜片、黄酒、清水，以大火煮沸，撇去浮沫，盖上锅盖，转小火焖煮3小时。

④ 取出竹垫，将鸭子翻身，加精盐调味，继续焖煮至沸腾。

⑤ 净锅倒水，下入馄饨，煮熟捞入鸭汤中，撒上香菜段即成。

·营养贴士· 鸭肉有降低胆固醇的作用，对防治心脑血管疾病有益。

·操作要领· 鸭子第一次焖煮时，需胸脯朝下放在竹垫上。

锅仔鸭

主料 老鸭1只，竹笋1根

配料 姜片、葱段、黄酒、精盐、鸡精、清汤各适量

·操作步骤·

① 老鸭洗净，择去杂毛，斩成大块，焯水捞出，洗去血沫，沥干；竹笋洗净，切成片。

② 砂锅内放入适量清汤，放入鸭块、姜片、葱段、黄酒，大火烧开后改小火焖煮1个小时，放入竹笋片，再煮30分钟，然后放入适量的精盐和鸡精调味即可。

·营养贴士· 鸭肉与竹笋共炖食，可治疗老年人痔疮下血。

老鸭芡实汤

主料 老鸭1只，芡实30克

配料 姜、精盐各适量

·操作步骤·

① 将老鸭除内脏后洗净，去除鸭头、鸭尾、肥油，切块，用清水漂洗干净，将水沥干；芡实洗净；姜去皮切片。

② 锅中倒入清水，下鸭块、姜片、芡实，盖上锅盖以大火煮沸，然后转小火继续煲约2个小时。

③ 出锅前加精盐调味，拣去姜片即可。

·营养贴士· 鸭肉中含有较丰富的烟酸，是构成人体内两种重要辅酶的成分之一，对心肌梗死等心脏疾病患者有保护作用。

鸭汤烫萝卜

主料 鸭肉150克，萝卜半根，火腿肉80克

配料 食盐、高汤、枸杞、陈皮各适量

·操作步骤·

① 准备所需主材料。

② 把萝卜洗净，去皮，切成片；火腿肉切成片备用。

③ 锅内放入适量水，把鸭肉、陈皮放入锅中，再加入适量高汤熬煮。

④ 把萝卜片、枸杞、火腿肉放入锅中，炖煮至熟，放入食盐即可。

·营养贴士· 萝卜中的B族维生素和钾、镁等矿物质可促进肠胃蠕动，有助于体内废物的排除。

·操作要领· 煮鸭肉时，要小火慢煮，使鸭肉中的营养成分充分地溶入汤中。

黄花菜炖鸭

主料 鸭半只，黄花菜适量

配料 高汤适量，植物油、糖、老抽、料酒、精盐、鸡精各少许

·操作步骤·

① 鸭处理干净，剁成小块；黄花菜放入水中浸泡 2 个小时。

② 锅置火上，倒入植物油，加入适量糖搅拌，直至糖融化，然后倒入鸭块翻炒，待表皮呈金黄色时加入老抽、料酒，再倒入黄花菜炒匀。

③ 加入高汤，煮沸后转小火焖 30 分钟，最后加入精盐、鸡精调味即成。

·营养贴士· 鸭肉性寒，可养胃、补肾、消水肿、止咳、化痰等，对于肺结核有很好的治疗效果。

虫草炖麻鸭

主料 麻鸭 1 只，冬虫夏草 5 克

配料 高汤 500 克，姜、葱、食盐、料酒各适量

·操作步骤·

① 把麻鸭处理干净备用；姜切片；葱切段；冬虫夏草泡发。

② 麻鸭投入沸水中汆半分钟，取出用冷水清洗干净。

③ 在炖锅内放入麻鸭、冬虫夏草和姜片、葱段、食盐、料酒、开水，先用大火烧开，后用小火炖 2 个小时，取出，捞去姜片、葱段，撇去浮沫，加高汤，再炖 1 个小时即成。

·营养贴士· 麻鸭具有滋五脏之阴、清虚劳之热的功效。

嫩笋煲老鸭

主 料 鸭子 1 只，嫩笋适量

配 料 葱、姜、精盐、料酒、白胡椒粉、鸡精、高汤、香油各适量

·操作步骤·

① 嫩笋洗净，切条；葱洗净切段；姜洗净切片；鸭子处理干净，洗净备用。

② 将嫩笋一部分塞进鸭肚子里，用竹签封住，一部分备用。

③ 汤锅置火上，倒入高汤、嫩笋条、葱段、姜片煮 5 个小时，然后捞出葱段、姜片，放入鸭子，加料酒、精盐、白胡椒粉、鸡精，煲约 7 个小时，最后淋入香油即成。

·营养贴士· 鸭肉属凉性食物，可以改善人体燥气。

·操作要领· 煲汤宜用小火或文火。

北芪党参炖老鸽

主 料 老鸽1只，北芪、党参各25克，胡萝卜15克

配 料 姜5克，花雕酒、精盐、味精、鲜汤各适量

·操作步骤·

① 将老鸽处理，洗净，放进沸水中焯一遍，去血污，捞出洗净；姜去皮切片；胡萝卜洗净切小块。

② 煲内加鲜汤，烧开后放入老鸽、胡萝卜块、北芪、党参、姜片、花雕酒，煲2个小时后调入精盐和味精即可。

·营养贴士· 鸽肉中含有延缓细胞老化的特殊物质，对于防止细胞衰老、延年益寿有一定作用。

椰子炖乳鸽

主 料 乳鸽1只，椰子1个

配 料 姜、料酒、上汤、精盐、味精各适量

·操作步骤·

① 椰子取椰汁和椰肉，留椰子壳备用；乳鸽处理干净，放入沸水中烫一下，然后捞出，控干水分，切成小块；姜切片。

② 鸽块放炖盅内，加入姜片、椰肉，倒入椰汁、料酒、上汤，盖上盅盖，放在沸水锅内隔水炖约3个小时，最后加精盐、味精调味，拣出姜片，倒入椰子壳中即成。

·营养贴士· 鸽肉有补肝壮肾、益气补血、清热解毒、生津止渴等功效。

大枣鸽子汤

主 料 活鸽1只，黑木耳20克，咸肉片、大红枣各适量

配 料 食盐、鸡精、料酒、麻油、葱段、姜片各适量

·操作步骤·

① 鸽子活杀，处理干净，切大块，放入锅内，加足量水，倒入料酒、葱段、姜片，煮40分钟；木耳泡发，撕小朵。

② 在锅里放入泡发的木耳、咸肉片、大红枣，继续煮至鸽肉熟软。

③ 加食盐、鸡精调味，淋1勺麻油提香即可。

·营养贴士· 此汤具有补肝壮肾、益气补血之功效。

·操作要领· 鸽子要用热水烫透，才好煺毛。

清炖乳鸽

主料 乳鸽1只

配料 姜、精盐、香菜、料酒各适量，香菇、木耳、山药、红枣、枸杞各少许

·操作步骤·

① 鸽子剥净，斩去脚爪，放在沸水中，加料酒烫片刻；姜切片备用；山药切片；香菇洗净切片；木耳洗净撕片；红枣、枸杞分别洗净。

② 砂锅内放入鸽子，铺上姜片，其后放入处理好的山药、香菇、木耳、红枣、枸杞和精盐，注入沸水，盖上锅盖，炖约2小时，用香菜点缀即可。

·营养贴士· 鸽肉对毛发脱落、中年秃顶、头发变白、未老先衰等有一定的疗效。

天麻炖老鸽

主料 老鸽250克，天麻10克

配料 大葱15克，姜10克，精盐3克，味精2克，清汤、米饭各适量，香菜1根，枸杞5克

·操作步骤·

① 将老鸽宰杀洗净，开腹，去内脏，洗净血水，入沸水中焯过；姜切片；大葱切段；香菜洗净；天麻放于米饭上蒸10分钟，取出备用。

② 煲内放入净鸽、枸杞、天麻、清汤、葱段、姜片，文火煲2个小时取出，拣去葱段、姜片，加入精盐、味精调味，点缀香菜即成。

·营养贴士· 鸽是甜血动物，适宜贫血者食用，能促进恢复健康。

虫草炖鹌鹑

主料 鹌鹑1只，冬虫夏草2个，泡发香菇适量

配料 胡椒粉2克，食盐5克，鸡汤300克，白酒、生姜、葱白各适量，枸杞少许

·操作步骤·

① 冬虫夏草去灰屑，用白酒浸泡，洗净；鹌鹑宰杀，沥净血，用温水烫透，去毛、内脏及爪，放沸水中略焯1分钟，捞出晾冷；葱白切断，生姜切片，泡发香菇去蒂洗净，均放入盅中。

② 在鹌鹑的腹内放入冬虫夏草，然后放入盅内，鸡汤用食盐和胡椒粉调好味，灌入盅内，放入枸杞，用湿绵纸封口，上笼蒸40分钟，取出冬虫夏草装饰即可。

·营养贴士· 本汤具有滋肺润肾、强筋健骨之功效，可治疗五心燥、肺腑热、足膝冷。

·操作要领· 冬虫夏草中有效成分受热易破坏，因此蒸的时间不宜太长。

鹌鹑莲藕汤

主料 鹌鹑4只，藕250克

配料 葱段、姜片、精盐、料酒、剁椒各适量

·操作步骤·

① 鹌鹑去头、脚、尾处理干净切块；藕去皮切滚刀块备用。

② 鹌鹑入凉水锅中，沸后煮2分钟，捞出用清水冲去污沫。

③ 将鹌鹑、藕块放入锅中加入适量的清水，放葱段、姜片、料酒，大火煮沸后，用小火煮20分钟放入精盐、剁椒拌匀，拣去葱段、姜片即可。

·营养贴士· 藕性温、味甘，能健脾开胃、益血补心，故主补五脏，有消食、止渴、生津的功效。

鸡肝茭白枸杞汤

主料 鸡肝200克，茭白30克，枸杞6克，蚕豆适量

配料 花生油20克，酱油2克，葱末、姜末各3克，精盐少许

·操作步骤·

① 将鸡肝洗净切块汆水；茭白洗净切块；枸杞洗净备用。

② 净锅上火倒入花生油，将葱末、姜末爆香，下入茭白煸炒，烹入酱油，倒入水，调入精盐，下入枸杞、蚕豆、鸡肝，煲至熟即可。

·营养贴士· 鸡肝具有补肝明目、养血祛瘀的功效；茭白具有利尿、除烦渴、解热毒之功效。

鸭血豆腐汤

主 料 北豆腐、鸭血、生菜各适量

配 料 香油、盐、鸡精各适量

·操作步骤·

① 将北豆腐、鸭血冲洗干净，切成厚度适中的薄片，并分别进行焯水，以去除腥味儿；把生菜叶子一片片掰开，冲洗干净，放入开水中焯一下，捞出。

② 砂锅中放适量水，倒入北豆腐和鸭血，锅开后煮5分钟，待豆腐完全熟透时放入生菜。

③ 放入适量盐、鸡精、香油调味即可。

·营养贴士· 豆腐能补脾益胃，鸭血具有清洁血液、解毒的功效。幼儿食用此汤，既能补充蛋白质，又能补铁、护肝。

·操作要领· 一种材料焯水后，必须换水后方能焯另一种材料。

花生米 膀花汤

主 料 鸡胗 300 克，花生米 500 克

配 料 姜 1 块，精盐 3 克，味精 2 克，淀粉适量

·操作步骤·

① 鸡胗用精盐、淀粉清洗净，去掉筋膜，交叉切成菱形格；姜切菱形片。

② 将鸡胗装入炖盅，加些姜片，炖盅中加入适量水，盖上盖子，用蒸锅隔水蒸，快熟的时候，撒些花生米，加精盐和味精调味，蒸熟即可。

·营养贴士· 此菜具有开胃消食的功效。

·操作要领· 鸡胗蒸的时间不要过长，太烂后会失去筋道的口感。

Chapter 6 水产鲜汤

鲜虾丝瓜鱼汤

主料 鱼1条，鲜虾120克，丝瓜200克，玉米笋适量

配料 猪油75克，精盐8克，味精2克，料酒25克，胡椒粉少许，高汤适量

·操作步骤·

① 鱼取中间一段，洗净切块；丝瓜去皮，洗净切块；玉米笋洗净切段；鲜虾洗净备用。

② 锅中注入猪油，烧至七成热时将鱼块放入，略煎，待鱼块变色后烹入料酒、加入高汤。

③ 高汤煮沸后加入玉米笋、鲜虾、丝瓜、精盐、味精，煮熟后撒上胡椒粉即可。

·营养贴士· 丝瓜有清凉、利尿、活血、通经、解毒之效，还有抗过敏、美容之功用。

牛奶鲫鱼汤

主料 鲫鱼1条，白萝卜、胡萝卜各1根，牛奶100克

配料 精盐、味精各2克，猪油、姜片、葱花各适量，枸杞少许

·操作步骤·

① 鲫鱼收拾干净；白萝卜、胡萝卜分别去皮，洗净切小条；枸杞洗净备用。

② 烧热锅，用猪油滑锅后倒出，留少量猪油，烧至七八成热时把鲫鱼放入略煎，再加入枸杞，加盖略焖，使香味渗透鱼身，然后再加牛奶和姜片，用大火烧沸后，加入精盐、味精调味。

③ 加入白萝卜条、胡萝卜条，转中火同煮，煮熟后拣去姜片，放入碗中，撒上葱花即可。

·营养贴士· 鲫鱼对脾胃虚弱、水肿、溃疡、气管炎、哮喘、糖尿病有很好的滋补食疗作用。

鱼片羊肉汤

主料 鲫鱼1条，带皮熟羊肉500克

配料 大葱1棵，植物油、绍酒、黄酒、酱油、精盐、糖、胡椒粉、卤汁各适量，香菜梗少许

·操作步骤·

① 鲫鱼处理干净，去掉头和尾，取鱼肉切片；带皮熟羊肉洗净切块；大葱洗净切细丝；香菜梗切段。

② 锅置火上，倒入植物油烧热，下葱丝爆香，放入鱼片略煎，再放入羊肉块，加绍酒、黄酒、酱油、精盐、清水，以大火煮沸，再转小火烧熟。

③ 加糖、胡椒粉调味，浇上卤汁略煮，点缀葱丝、香菜梗即可。

·营养贴士· 此汤具有活血通络、温中下气、补体虚、祛寒冷、补益产妇、通乳治带、益精血等功效。

·操作要领· 鱼肉质细、纤维短，极易破碎，切鱼时应将鱼皮朝下，刀口斜入，最好顺着鱼刺，切起来更干净利落。

番茄柠檬炖鲫鱼

主 料 鲫鱼400克，油菜、番茄、柠檬片各适量

配 料 精盐、胡椒粉、植物油、料酒各适量

·操作步骤·

① 鲫鱼处理干净，斩段，加精盐、柠檬片腌渍片刻；番茄洗净切块备用；油菜洗净。

② 锅置火上，倒植物油烧热，下入鲫鱼段煎至两面上色，然后添入热水，煮沸后撇去浮沫，加入番茄、柠檬片、油菜，以大火煮约6分钟，最后加精盐、料酒、胡椒粉调味即成。

·营养贴士· 此汤具有健脾利湿、活血通络、温中下气、通乳、除湿、止吐、生津解暑等功效。

黄豆芽炖鲫鱼

主 料 鲫鱼400克，黄豆芽200克

配 料 植物油、鲜汤、姜各适量，芹菜、香菜各少许

·操作步骤·

① 鲫鱼处理干净后在鱼身两侧斜切十字花刀；黄豆芽洗净备用；芹菜洗净切小段；香菜洗净切碎；姜切片。

② 锅中倒入清水，大火煮沸后放入鲫鱼焯一下，捞出备用。

③ 锅中倒植物油，油热后下姜片爆香，倒入鲜汤，煮沸后加入鲫鱼、黄豆芽、芹菜，慢火炖15分钟，最后撒上香菜即成。

·营养贴士· 产后妇女炖食鲫鱼汤，可补虚通乳。

农家锅
鲫鱼汤

主料 鲫鱼1条

配料 葱、姜、蒜、红椒、白汤、料酒、八角、植物油、精盐、味精、鸡精、胡椒粉各适量

·操作步骤·

① 红椒去蒂、去籽，切成小圈；葱切段；姜切片；蒜切块；鲫鱼处理干净，切块，用精盐、料酒、姜、葱腌渍10分钟。

② 锅置火上，倒植物油烧热，下入鲫鱼块煎炸，炸至金黄色捞起。

③ 净锅倒植物油，油热后下入姜片、蒜块、葱段、红椒爆香，倒入白汤、鲫鱼块，加料酒、八角、味精、鸡精、胡椒粉调味，待煮沸撇去浮沫即成。

·营养贴士· 鲫鱼有增强抗病能力、通乳催奶、美容、明目、健脾、开胃、益气、利水、除湿等功效。

·操作要领· 鲫鱼腌渍时间不宜过短，否则难以入味。

黄瓜煲墨鱼汤

主 料 墨鱼100克，黄瓜1根，鲜枸杞适量

配 料 葱叶、鲜汤、料酒、葱姜汁、碱、盐、味精、香油各适量

·操作步骤·

① 黄瓜洗净切片；墨鱼处理干净，切片，加碱腌一下，然后洗净，沥干水分；葱叶洗净切花。

② 锅置火上，倒入鲜汤，下黄瓜片、墨鱼片，烹入料酒，放入葱花、鲜枸杞、葱姜汁、盐、味精煮沸。

③ 待墨鱼片煮熟，撇去浮沫，滴几滴香油即成。

·营养贴士· 墨鱼具有补益精气、健脾利水、养血滋阴等功效。

黄瓜鳝丝汤

主 料 鳝鱼、黄瓜各50克，猪瘦肉20克，鸡蛋1个

配 料 水芡粉、姜丝、胡椒粉、精盐、料酒、味精、鲜汤、猪油、芝麻油各适量

·操作步骤·

① 鳝鱼用水冲洗后入沸水中烫熟，将肉切成丝；黄瓜削皮去瓤切成丝；猪瘦肉洗净，切成细丝；鸡蛋磕入碗内调匀，制成蛋皮后切细丝。

② 炒锅置火上，下猪油烧热，投入姜丝爆香，倒入鲜汤烧开，速将猪肉丝下锅，烹入料酒，投入鳝鱼丝、黄瓜丝、蛋皮丝、精盐、胡椒粉、味精等，待汤煮沸后，用水芡粉勾芡起锅，盛入汤碗内，淋入芝麻油即可。

·营养贴士· 此汤具有补气养血、滋补肝肾、减肥美容等功效。

番茄鳝鱼汤

主料 鳝鱼2条，西红柿2个

配料 葱段、食盐、味精、高汤各适量

操作步骤

准备所需主材料。

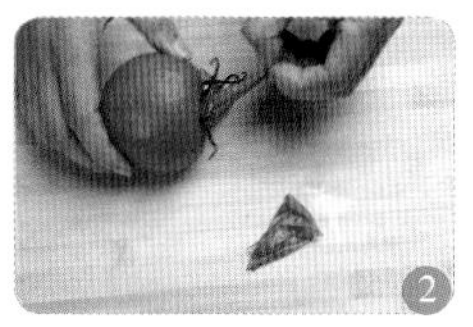

将西红柿用热水烫过后去皮，切成小块。

将鳝鱼切段。

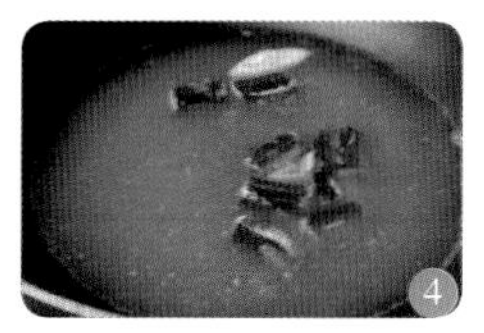

锅内放入适量高汤，放入鳝鱼和葱段。

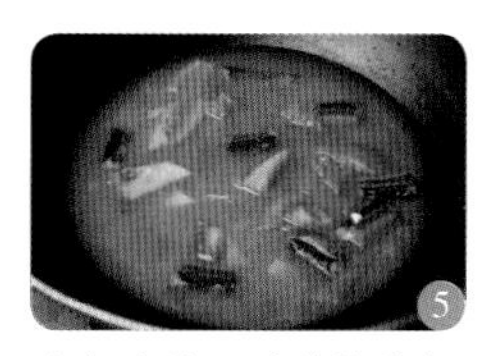

向锅内放入番茄块进行炖煮，至熟后加入食盐和味精调味即可。

营养贴士：此汤有补气养血、温阳健脾、滋补肝肾、祛风通络等医疗保健功能。

操作要领：将鳝鱼放在盆中，加入清水，滴几滴油，可使鳝鱼吐净污物。

墨鱼蛤蜊鲜虾汤

主 料 墨鱼 300 克，蛤蜊肉、大虾、山药各适量

配 料 丁香 6 克，味精 3 克，精盐、葡萄酒各少许，鸡汤适量

·操作步骤·

① 将蛤蜊肉和大虾分别洗净；山药去皮洗净，切条；墨鱼除去腹内杂物，洗净，在开水里速烫一遍后切成小片。

② 坐锅上火，放入鸡汤、葡萄酒、丁香、味精和精盐，汤沸后加入墨鱼、蛤蜊肉、大虾、山药，用旺火烧 5 分钟即可。

·营养贴士· 此汤有滋阴明目、滋润皮肤等食疗作用。

墨鱼海鲜汤

主 料 墨鱼 500 克，花蛤 200 克

配 料 食盐、味精、黄芪、良姜片各适量

·操作步骤·

① 准备所需主材料。

② 把墨鱼切成条；黄芪切段；花蛤洗净。

③ 锅中放入水，放入墨鱼和花蛤，再放入良姜片、黄芪段共同炖煮，至熟后放入食盐、味精调味即可。

·营养贴士· 墨鱼是一种高蛋白低脂肪的滋补食品，具有养血、通经、催乳、补脾、益肾、滋阴、调经、止带之功效。

鱼圆汤

主 料 草鱼300克，鸡蛋清30克，香菇末、火腿末各适量

配 料 姜汁3克，盐、味精、料酒、香油、胡椒粉、清汤、姜末、葱花各适量

·操作步骤·

① 草鱼肉去刺，剁成蓉，加鸡蛋清和葱花、姜汁、料酒、香油、胡椒粉，搅拌成鱼肉馅。

② 将肉馅挤成丸子，入热水中汆熟，捞出。

③ 锅内倒清汤烧沸，放入胡椒粉、香菇末、火腿末、姜末，小火烹煮后，放入鱼丸煮一小会儿，加盐、味精调味，撒上葱花即可。

·营养贴士· 草鱼具有暖胃和中、平降肝阳、祛风、治痹、截疟、益肠明眼目的功效。

·操作要领· 虽然草鱼去刺很麻烦，但是做鱼圆时去刺是必须的。

冬瓜草鱼汤

主 料 草鱼500克，冬瓜250克

配 料 料酒、精盐、葱段、姜片、猪油、鸡汤、植物油各适量

·操作步骤·

① 草鱼去鳞、鳃、内脏，洗净切块；冬瓜去皮、瓤，洗净，切块备用。

② 锅上旺火，倒入植物油，将草鱼放入锅中，煎片刻，注入鸡汤，放入冬瓜、料酒、精盐、葱段、姜片、猪油，烧开后，撇净浮沫，改用小火，煮至鱼熟烂，拣出葱段、姜片，出锅即成。

·营养贴士· 这道菜有暖胃和中、利尿消肿、清热解暑等功效。

乌豆鲤鱼汤

主 料 活鲤鱼1条，黑豆30克

配 料 香油、姜丝、生抽、淀粉、味精各适量

·操作步骤·

① 活鲤鱼宰杀，冲洗干净，去鱼头、鱼尾，取鱼身切段备用；黑豆用温水泡软洗净；用淀粉、味精调成汤汁，备用。

② 旺火热锅，加入香油，待六成热时放入姜丝、生抽，炒出香气后加入调好的汤汁，将黑豆与鲤鱼一起放入锅中炖煮。

③ 锅中炖至鲤鱼和黑豆都熟烂，汤成浓汁即可。

·营养贴士· 鲤鱼有补脾健胃、利水消肿、通乳、清热解毒、止嗽下气等功效。

菇笋鲫鱼汤

主料 鲫鱼1条，香菇、圆笋各50克，枸杞20克，油菜2棵

配料 食盐、味精各适量

操作步骤

准备所需主材料。

清理鲫鱼内脏及头部，洗净后备用。

用温水泡发香菇，将油菜择洗干净，将圆笋切成片。

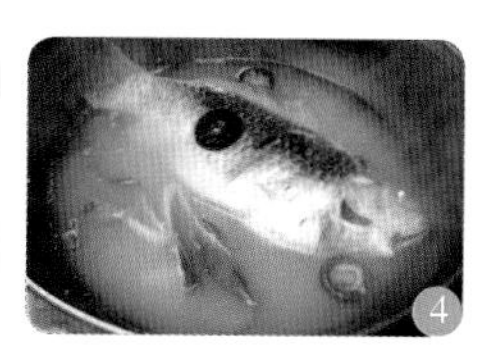

锅内放入适量水，将鲫鱼、香菇、圆笋、枸杞放入锅中一起炖煮，出锅前10分钟放入油菜，至熟后放入食盐、味精调味即可。

营养贴士：此汤具有活血通络、温中下气、清热化痰、益气和胃、利膈爽胃等功效。

操作要领：控制好炖煮的时间，大火开锅后，改小火炖煮20分钟即可。

鲤鱼酸汤

主料 鲤鱼1条

配料 茶叶30克，醋50毫升，盐适量

·操作步骤·

① 鲤鱼去鳞和内脏等杂物，洗净后切段。

② 将鲤鱼与茶叶一起入锅，加适量清水，烹入醋，以文火煨至鱼熟，放盐调味即成。

·营养贴士· 这道菜有防治动脉硬化、冠心病等功效。

纸锅甲鱼汤

主料 土鸡、甲鱼各1只

配料 高汤1000克，姜末20克，四特酒、熟花生油各20克，精盐10克，枸杞少许

·操作步骤·

① 将土鸡、甲鱼洗净切块。

② 锅入花生油，烧至七成热时，将土鸡块和甲鱼肉入锅中小火略煎，煎至两面金黄出香时，放入高汤、姜末、精盐、四特酒、枸杞，大火烧开改小火，慢炖至汤汁洁白浓厚时，起锅装入纸锅中即可。

·营养贴士· 甲鱼有极高的药用价值，有滋阴壮阳、软坚散结、化瘀和延年益寿的功效。

清炖甲鱼

主 料 活甲鱼1只（1000克），鸡腿2个，熟火腿25克，香菇15克，粉皮10克，冬笋5克

配 料 葱15克，姜、蒜各10克，熟猪油25克，鸡清汤500克，醋、精盐、湿淀粉、胡椒粉、绍酒各适量

·操作步骤·

① 甲鱼宰杀处理干净，肉剁块，以少许精盐和湿淀粉拌匀上浆；熟火腿、冬笋切片；葱切花；姜切片；香菇洗净，入沸水焯熟。

② 炒锅置旺火上，放入熟猪油，待油烧至七八成热，放入浆好的甲鱼肉，炸至两面硬结时捞出，将蒜瓣、姜片放入汤碗中，放入甲鱼肉、火腿、香菇、冬笋、粉皮，加鸡清汤、精盐、醋、绍酒。

③ 将葱花盖在上面，上笼屉蒸烂取出，去掉冬笋、姜、鸡腿、香菇和火腿，撒上胡椒粉即成。

·营养贴士· 甲鱼有较好的净血作用，常食者可降低血胆固醇，对高血压、冠心病患者有益。

·操作要领· 甲鱼剁块前后都要认真清洗，尤其是血污要清洗干净，以免色暗。

昂刺鱼豆腐汤

主 料 昂刺鱼1条，豆腐适量

配 料 葱段、姜片、盐、油各，香菜少许适量

·操作步骤·

① 昂刺鱼洗净备用；豆腐切块；香菜洗净切段。

② 锅中放少量油，下昂刺鱼煎，下葱段、姜片出香味，加水大火烧开，转小火煮20分钟，转入砂锅中，放入豆腐，盖上盖子焖一会儿，加盐调味，出锅撒香菜段即可。

·营养贴士· 昂刺鱼性味甘平，能益脾胃、利尿消肿、祛风、醒酒。

鱼头汤

主 料 鳙鱼头1个，天麻片15克，香菇35克，虾仁50克

配 料 植物油100克，胡椒粉2克，葱段15克，姜片10克，精盐8克，味精1克，猪油30克

·操作步骤·

① 虾仁洗净；香菇洗净，在顶部切十字刀花。

② 将鳙鱼头洗净，放入烧热的植物油锅内煎烧片刻，加入香菇、虾仁略炒，加天麻片、清水、猪油、葱段、姜片、精盐、味精、胡椒粉，开锅后约煮20分钟出锅，拣去葱段、姜片即可。

·营养贴士· 此汤具有开胃、健脑等功效。

银鱼冬笋汤

主 料 银鱼干50克，猪肉50克，冬笋100克，青蒜15克，香菇10克

配 料 精盐3克，胡椒粉2克，味精1克，肉清汤750克，猪油100克

·操作步骤·

① 银鱼干洗净，放入冷水中浸泡，直至涨发；猪肉洗净切丝；冬笋、香菇洗净切丝；青蒜切段。

② 炒锅置火上，烧热后下猪油，加入冬笋丝、猪肉丝煸炒，出锅倒入火锅中，再倒入银鱼干、香菇、青蒜搅匀。

③ 炒锅置火上，倒入猪油、肉清汤，调入味精、胡椒粉、精盐，煮沸后浇入火锅中，最后将火锅放置在炭加热装置上即可。

·营养贴士· 此汤具有益脾胃、补气润肺、利水、补虚强身、滋阴润燥、止血凉血等功效。

·操作要领· 切好的猪肉丝用适量的酱油、淀粉搅拌腌渍30分钟左右，更易入味。

比管鱼炖豆腐

主 料 豆腐200克，比管鱼、鲜笋各100克

配 料 食用油、葱、姜、食盐各适量，香菜少许

·操作步骤·

① 将比管鱼洗干净（特别是嘴部的吸盘处）待用；鲜笋切块；葱切段；姜切片；香菜切段；豆腐洗净切成长2厘米，宽2厘米，厚1厘米左右的块。

② 将食用油加热，放葱、姜爆香，加适量清水，等水开后，将豆腐下到开水里。

③ 开锅后，将比管鱼放入，然后盖上锅盖炖3分钟，捞出葱段、姜片，用食盐调味，放入香菜即可食用。

·营养贴士· 中医认为，比管鱼性味甘、咸、寒，入肝、肺经，具有滋阴、明目、清热等功效。

鲳鱼汤

主 料 鲳鱼1条，豆腐300克

配 料 鸡油80克，精盐3克，味精1克，料酒8克，鲜枸杞2克，姜、香葱各4克，淀粉5克，高汤适量

·操作步骤·

① 将鲳鱼去鳞、鳃、内脏，划上刀花，用精盐、淀粉、料酒腌渍10分钟；豆腐用特制器具切花；姜洗净切片；香葱洗净切末；鲜枸杞洗净备用。

② 锅内倒入鸡油，油热时放入鲳鱼，两面煎至变色后加入高汤、精盐、豆腐、姜片、味精、枸杞，待鱼熟透后撒上葱末，拣去姜片即可。

·营养贴士· 鲳鱼对消化不良、脾虚泄泻、贫血等很有效。

奶汤鮰鱼

主 料 鮰鱼 750 克，煮鸡蛋 1 个，笋、火腿、青菜各适量

配 料 盐、味精、白胡椒粉、姜块、葱结、绍酒、鲜汤各适量

·操作步骤·

① 将鮰鱼去内脏，洗净切段；煮鸡蛋去壳备用；青菜洗净；笋去皮洗净，切片；火腿切片。

② 将锅置旺火上，下姜块、葱结煸炒，放入鮰鱼段，加鲜汤、绍酒用大火煮至汤汁浓白。

③ 将笋片、煮鸡蛋、火腿放入锅中，待汤煮沸时，放入青菜，移至小火上再煮 5 分钟，捡出葱结、姜块，下味精、盐，撒上白胡椒粉即成。

·营养贴士· 鮰鱼富含生物小分子胶原蛋白质，对改善组织营养状态和加速新陈代谢、抗衰老和美容有疗效。

·操作要领· 青菜易软，煮的时间不宜太长，可后放。

酸汤鱼腰

主 料 鲢鱼肉、黄豆芽、西红柿各适量

配 料 盐、味精、白糖、醋、料酒、葱末、姜末、蒜末、胡椒粉、花生油、泡椒、番茄酱、高汤各适量

·操作步骤·

① 鱼肉切块；西红柿洗净，切块。

② 锅中放花生油烧热，下葱末、姜末、蒜末爆香，下入番茄酱、西红柿略炒，加泡椒及高汤，加入鱼块、黄豆芽，小火炖熟，放盐、味精、白糖、醋、料酒、胡椒粉调味即可。

·营养贴士· 鲢鱼有健脾补气、温中暖胃、散热的功效，尤其适合冬天食用。

牛蒡黑鱼汤

主 料 黑鱼 300 克，牛蒡 200 克

配 料 香菜段、香葱 50 克，食盐、食用油、葱段、姜片、蒜片、生抽、料酒各适量，枸杞少许

·操作步骤·

① 将黑鱼清理干净，切块，用葱段、姜片、蒜片、生抽、料酒腌渍片刻；牛蒡洗净切块；香葱切成葱花。

② 锅置火上，倒入适量食用油，稍微煎一下黑鱼，倒入足够的水，烧开，加入牛蒡、枸杞，炖煮 30 分钟。

③ 最后捞出葱段、姜片、蒜片，用食盐调味，撒上香菜段、葱花即可食用。

·营养贴士· 牛蒡具有降血糖、降血压、降血脂、治疗失眠、提高人体免疫力等功效。

明太鱼豆腐煲

主料 明太鱼、北豆腐各 200 克

配料 生抽、料酒、蚝油、干红辣椒、姜片、食盐、鸡精各适量

·操作步骤·

① 明太鱼洗净，切块，入炒锅煎至两面略微金黄；干红辣椒切段；豆腐切块。

② 将明太鱼捞出放入砂锅中，加入生抽、料酒、蚝油，腌渍片刻。

③ 放入干红辣椒段、姜片、豆腐块，加入适量水，放到火上，小火慢炖。

④ 10 分钟之后，用食盐、鸡精调味，拣去姜片即可食用。

·营养贴士· 明太鱼有健脾胃、益阴血等功效。

·操作要领· 豆腐渗出的水也可以倒入锅中进行炖煮。

泥鳅河虾汤

主料 泥鳅 100 克，河虾 130 克

配料 鸡油 25 克，高汤 800 克，精盐 3 克，植物油适量

·操作步骤·

① 将泥鳅去内脏，洗净，装盘备用。

② 锅置火上放植物油，烧热后放入河虾，迅速翻炒，炒至河虾颜色转红（有的转白）时盛起，放入器具中摊开，晾至常温，洗净，备用。

③ 在火锅内注入高汤，放入鸡油、精盐，然后加入泥鳅、河虾，煮熟即可。

·营养贴士· 泥鳅含优质蛋白质、脂肪、维生素、烟酸、铁、磷、钙等，有补中益气、清利小便、解毒收痔等功效。

青苹果鲜虾汤

主料 大虾、青苹果

配料 高汤、姜片、精盐、胡椒粉、葱花各适量

·操作步骤·

① 大虾去壳，洗净备用；青苹果去皮，洗净切块。

② 锅置火上，倒入高汤，以大火煮沸，放入虾壳、姜片，煮 10 分钟。

③ 拣出姜片、虾壳，放入青苹果块，加精盐、胡椒粉调味，煮沸后放入大虾，待煮至虾变红时，撒上葱花即成。

·营养贴士· 此汤具有补肾壮阳、养血固精、化瘀解毒、益气滋阳、生津止渴、润肺除烦、解暑、醒酒等功效。

蟹黄烩鱼唇

主 料 水发鱼唇1000克，干蟹黄50克

配 料 鸡汤800克，鸡油15克，葱姜油80克，料酒25克，葱段25克，毛姜水20克，姜1块，味精10克，湿淀粉40克，精盐4克

·操作步骤·

① 鱼唇切成长条，放入沸水锅中焯一下；蟹黄处理干净，倒入100克鸡汤，加10克料酒、10克葱段、10克拍松的姜块拌匀，上屉蒸透，然后装入盘中。

② 鱼唇放入汤锅，倒入200克鸡汤，加5克料酒、15克葱段、2克精盐、5克味精、10克毛姜水，以小火煨至汤汁收干时，捞出鱼唇放在蟹黄上。

③ 净锅置火上，倒入60克葱姜油烧热，烹入10克料酒，倒入500克鸡汤、5克味精、2克精盐、10克毛姜水，放入鱼唇、蟹黄煨10分钟，最后用湿淀粉勾流芡，淋入20克葱姜油，翻勺后再淋入鸡油即成。

·营养贴士· 此汤具有补虚下气、养血活血、开胃润肺等功效。

·操作要领· 将鱼唇放入沸水锅中焯一下，可褪沙漂清。

虾仁烩冬蓉

主料 新鲜大虾200克，冬瓜100克，蛋清80克

配料 淀粉、高汤、食盐各适量

·操作步骤·

① 冬瓜洗净，切成片。

② 将冬瓜片放入有水的汤锅中，大火煮至透明状，捞出冬瓜片投凉，去掉瓜腥味。

③ 鲜虾去壳、去虾线成虾仁。

④ 然后放入热水中焯烫捞出，漂洗好的冬瓜片捞出放入锅内，用搅拌机打成冬蓉。

⑤ 倒入适量高汤，汤煮至微沸时，倒入水淀粉勾芡，搅拌均匀，稍煮一会儿。

⑥ 再次沸腾时，离火将蛋清倒入锅中，用筷子顺时针方向搅拌成丝片状，加入食盐调味，即可食用。

·营养贴士· 冬瓜有减肥、润肺、消除身体水肿等功效。

雪菜煮鲜虾

主料 雪菜、蚕豆、大虾各适量，培根、冬笋各少许

配料 姜、植物油、料酒、精盐、味精、胡椒粉、白糖各适量

·操作步骤·

① 大虾去头洗净；雪菜、蚕豆分别洗净；冬笋去外皮，洗净切丝；培根洗净切丝；姜切丝。

② 锅置火上倒植物油，烧热后下大虾煎一下；净锅置火上倒油，烧热后下入培根丝煸炒，再加入雪菜、冬笋丝翻炒。

③ 添入清水，倒入蚕豆煮5分钟，加料酒、精盐、味精、胡椒粉、白糖调味，然后倒入大虾再煮3分钟，最后加入姜丝即可。

·营养贴士· 此汤具有补肾壮阳、通乳抗毒、开胃化痰等功效。

西红柿海蟹汤

主 料 海蟹1200克，西红柿500克，粉丝少许

配 料 姜50克，料酒15克，精盐5克，植物油30克，香菜、高汤、花椒油各适量

·操作步骤·

① 海蟹处理干净，剁块，取出蟹壳中的蟹黄备用；西红柿去皮，切块；香菜、姜分别切末；粉丝用热水烫软备用。

② 锅置火上倒植物油，下姜末爆香，倒入蟹块翻炒，烹入料酒，加高汤、精盐焖煮。

③ 净炒锅置火上倒植物油烧热，下西红柿翻炒几下，然后盛出；待蟹煮至八成熟时，加入西红柿、粉丝，最后淋入花椒油，撒入香菜末，略煮即成。

·营养贴士· 此汤具有生津止渴、健胃消食、清热解毒等功效。

·操作要领· 这道菜可以用煮熟的蟹，或将生蟹切开后炒至变红再加汤。

羊排炖蟹

主料 螃蟹600克，羊排300克

配料 葱、姜各8克，香油5克，精盐、味精各2克，料酒10克，胡椒粉1克，植物油20克，高汤适量，香菜少许

·操作步骤·

① 活蟹洗净剁块；羊排洗净剁段，飞水；香菜洗净切段；姜去皮，洗净切末；葱洗净切末。

② 锅置火上，倒植物油烧热，油热后下葱末、姜末爆香，倒入羊排煸炒，烹入料酒，加高汤焖煮。

③ 待羊排九成熟时倒入蟹块，加精盐、味精、胡椒粉调味，最后撒上香菜，淋入香油即成。

·营养贴士· 此汤具有养筋益气、理胃消食、散诸热、通经络、补体虚等功效。

冬虫夏草海马壮阳汤

主料 冬虫夏草2根，干海马1个，红枣3粒，鹿肉200克

配料 食盐、生姜各适量

·操作步骤·

① 将冬虫夏草、海马、红枣洗净；鹿肉洗净切块；生姜切片。

② 将所有材料放入炖锅中，文火炖煮2个小时。

③ 加入食盐调味即可食用。

·营养贴士· 冬虫夏草含有多种生物活性物质和人体必需的氨基酸、微量金属元素及丰富的维生素，具有抗氧化、抗疲劳和提高免疫力的功效。

海马三鲜汤

主 料 海马 10 克，牡蛎肉 200 克，淡菜 100 克，紫菜 20 克

配 料 料酒、葱姜汁各 15 克，醋 2 克，精盐、鸡精各 3 克，味精 1 克，胡椒粉 0.5 克，清汤 800 克，芝麻油 5 克

·操作步骤·

① 锅内放入清汤，下入海马烧开，煮约 20 分钟，下入淡菜、醋、料酒、葱姜汁烧开，煮透。

② 将牡蛎肉洗净，下入锅中，放精盐、鸡精烧开，煮至微熟。

③ 下入紫菜、味精、胡椒粉烧开，略煮，淋入芝麻油，出锅盛入汤碗即成。

·营养贴士· 海马能补肾壮阳、散结消肿；淡菜能补肝肾、益精血；牡蛎肉能滋阴益血、清热除湿。

·操作要领· 牡蛎肉煮至刚熟即可，以保证其鲜嫩的口感。

蛤蜊疙瘩汤

主 料 蛤蜊300克，鸡蛋1个，面粉100克

配 料 油、姜丝、精盐各适量，葱花少许

·操作步骤·

① 蛤蜊吐净泥沙后清洗干净，用开水焯一下捞出（焯蛤蜊的水澄清备用），再将蛤蜊剥去壳，肉备用；把面粉加少许凉水做成面碎。

② 锅内加少许油，放入姜丝煸炒出香，倒入澄清后的焯蛤蜊水，水开后放入蛤蜊肉，倒入面碎，大火煮开，烧开几分钟后打入鸡蛋液，加入适量精盐调味，撒入葱花出锅即可。

·营养贴士· 蛤蜊味咸寒，具有滋阴润燥、利尿消肿、软坚散结等功效。

红枣枸杞牛蛙汤

主 料 牛蛙500克，枸杞、干红枣各30克

配 料 高汤800克，熟猪油30克，精盐、味精、白糖、葱、姜、大料、料酒、白胡椒面各适量

·操作步骤·

① 先将牛蛙用热水氽一下捞出。

② 另起锅，放入熟猪油，用葱、姜、大料炝锅，放入牛蛙，烹入料酒，加高汤，再放入枸杞、干红枣，加入精盐、味精、白糖少许，将高汤烧开，小火炖至牛蛙熟透。

③ 出锅时放入白胡椒面即可。

·营养贴士· 牛蛙有滋补解毒的功效，还可以促进人体气血旺盛，精力充沛，滋阴壮阳，有养心、安神、补气的功效。

枸杞海参汤

主料 水发海参300克，枸杞20克，香菇50克

配料 料酒20克，酱油10克，白糖8克，葱6克，姜3克，精盐、味精各2克，植物油35克

·操作步骤·

① 海参洗净，撕去腹内黑膜备用；枸杞洗净；香菇洗净，切小块；姜切片；葱切花。

② 锅置火上，倒入植物油，六成热时下入葱花、姜片爆香，倒入海参、香菇翻炒均匀，再加入料酒、酱油、白糖调味，加入清水，以武火煮沸，再转文火焖煮。

③ 待海参煮熟后加入枸杞、精盐、味精即成。

·营养贴士· 此汤具有延缓衰老、消除疲劳、提高免疫力、益智健脑、改善骨质疏松等功效。

·操作要领· 海参与醋容易发生反应，导致营养流失，所以不能放醋。

西红柿海带汤

主料 水发海带200克，西红柿60克，木耳适量

配料 鲜柠檬汁6克，奶油50克，酱油3克，香菜梗5克，精盐2克，高汤650克

·操作步骤·

① 将水发海带、西红柿洗净，切块；香菜梗洗净切末；木耳洗净撕小朵，入沸水中略焯，捞出，沥干水分备用。

② 锅内注入高汤，放入海带煮5分钟。

③ 再在高汤中放入木耳、西红柿、奶油、酱油、精盐、鲜柠檬汁，煮开，出锅前撒上香菜梗即可。

·营养贴士· 海带具有降血脂、降血糖、调节免疫、抗凝血、抗肿瘤、排铅解毒和抗氧化等多种功效。

金针薯仔海肠汤

主料 海肠100克，红薯、金针菇各200克

配料 食用盐、清汤、鸡精、黄酒、葱、姜、蒜各适量，香菜少许

·操作步骤·

① 海肠清洗干净；红薯洗净切块；金针菇洗净，撕开；香菜切段；葱切段；姜、蒜切片。

② 锅中倒入适量清汤，将处理好的葱、姜、蒜放入锅中，倒入黄酒，先将红薯块和金针菇放入锅中，稍煮片刻，之后放入海肠。

③ 炖煮半个小时之后，捞出葱、姜、蒜，调入食用盐、鸡精调味，撒上香菜即可。

·营养贴士· 海肠有温补肝肾、壮阳固精等作用。